KB232303

빛깔있는 책들 301-8

한국의 곤충

글, 사진/남상호

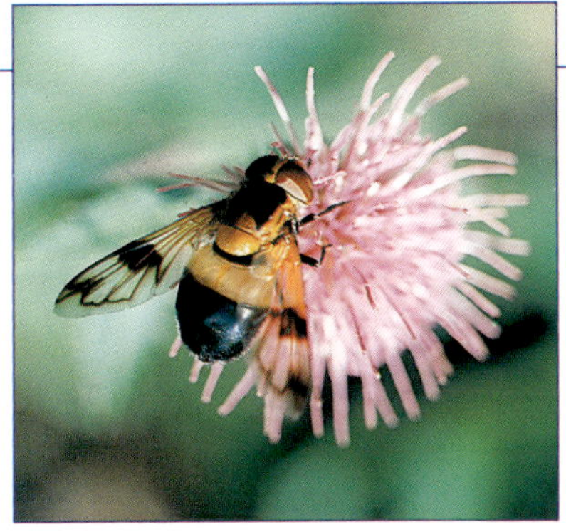

대원사

남상호 ————————

1949년 경기도 용인에서 태어나 고려
대학교 생물학과 및 대학원을 수료했
다. 고려대학교 한국곤충연구소 연구
원 및 연구 교수를 거쳐 현재 대전대
학교 생물학과 교수로 있다. 그동안
발표된 곤충 분야의 논문이 37편
있으며 저서로는 「한국동식물도감
(곤충편 Ⅷ, Ⅸ)」「유아용 그림책」
(문교부) 등 13권이 있으며 곤충
분야의 감수한 책으로 「과학앨범」
(웅진출판) 등 42권이 있다.

한국의 곤충

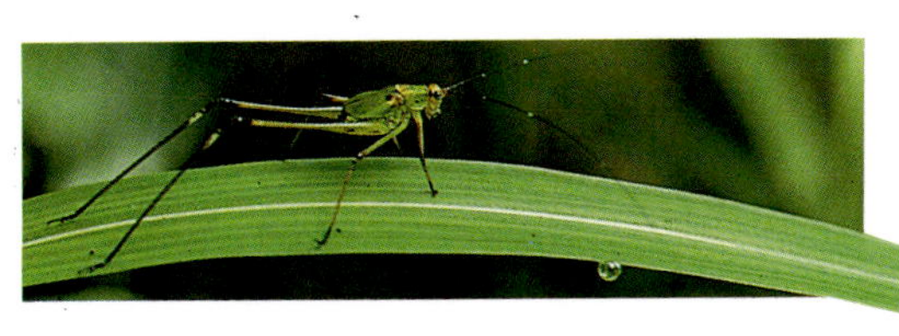

한국의 곤충

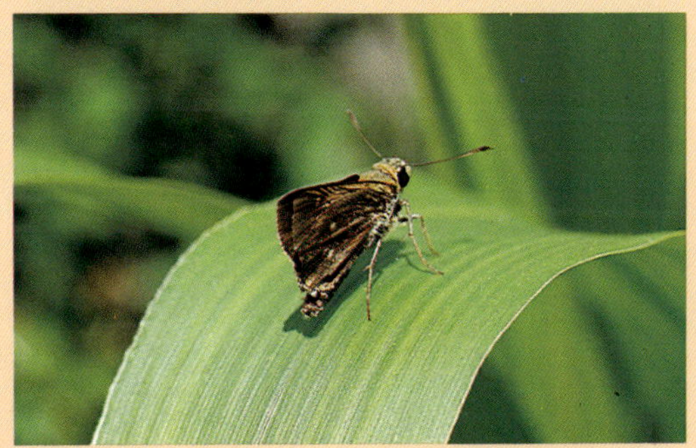

우리나라의 곤충 실태

우리나라는 시베리아 대륙의 동쪽 곧 아시아의 동북 지방에 위치한 조그마한 반도이다. 북쪽으로는 넓은 만주 벌판과 시베리아 대륙이 있고 서쪽으로는 중국, 동쪽으로는 일본이 있다. 반도인 까닭에 삼면이 바다에 접해 있어 계절에 따라 주변의 지형적인 영향을 받아 온대 지방 특유의 기상 환경이 조성되고 있으며 여기에 알맞게 많은 동, 식물이 서식하고 있다. 사계절이 뚜렷하여 많은 생물들이 이 기후 환경에 적응하여 생활하고 있으며 곤충들 또한 예외는 아니어서 자연 생태계 안에서 잘 조화되어 있다.

우리나라에 분포하고 있는 곤충 무리들은 다른 동, 식물들과 마찬가지로 생물 지리학상 구북구(舊北區)계에 속하는 무리들이 많다. 그러나 남방 계열 인자인 동양구(東洋區)계의 무리들도 한반도 이북까지 북상하여 그 세력권을 미치는 경우도 있다. 우리나라에 분포하고 있는 곤충 무리 가운데에서 구북구계에 속하는 무리로는 긴꼬리, 홍줄노린재, 참밑드리, 가락지나비, 은판나비, 유리창나비, 대왕나비, 북방거꾸로여덟팔나비, 참알락팔랑나비, 뱀눈그늘나비, 장수하늘소 등을 대표적으로 들 수 있으며 동양구계의 무리로는 대벌레,

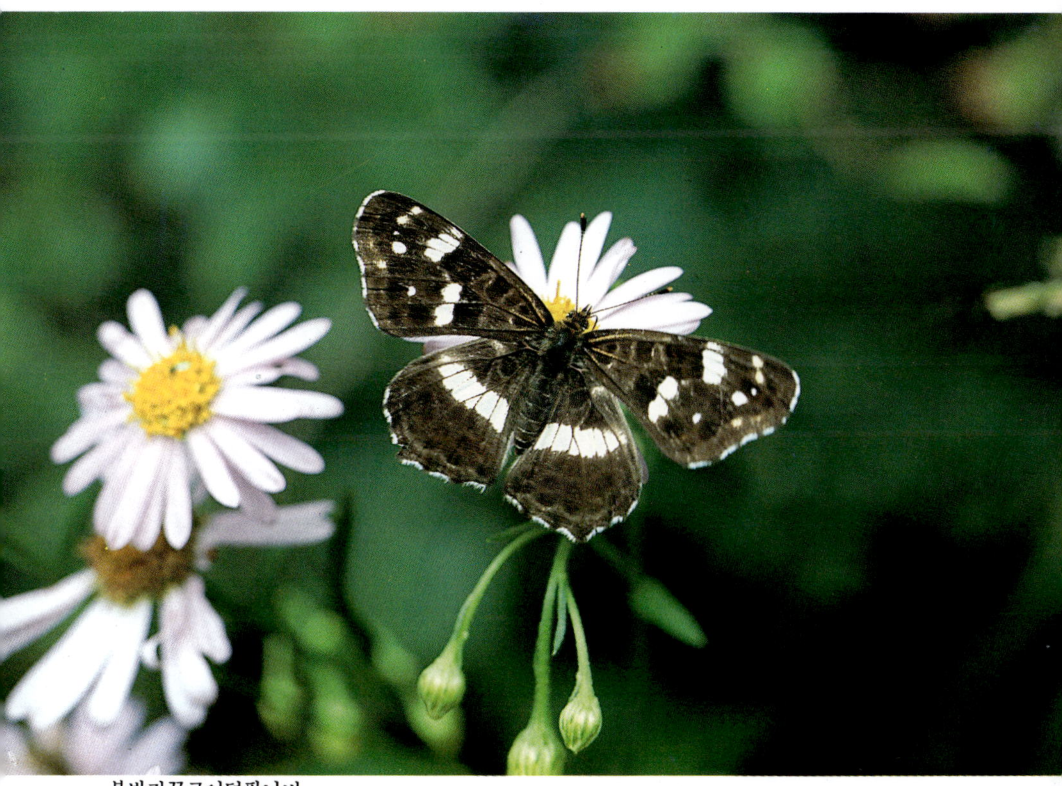

북방거꾸로여덟팔나비

왕자팔랑나비, 왕나비 등을 들 수 있다.

이 밖에도 많은 종류들이 이들 양 구계의 인자로서 존재하며 많은 수의 종류들에 있어서는 양 구계의 공통종 노릇을 하는 경우도 있다. 또한 구북구계의 인자라 하더라도 남방 한계선이 어디냐에 따라 각기 분포 세력권이 달라지고 있으며, 동양구계의 인자도 마찬가지로 북방 한계선이 어디냐에 따라 그 분포 범위가 달라지고 있다.

이렇듯 우리나라의 곤충 무리가 남쪽에서 북쪽에 이르기까지 지역에 따라 그 분포권이 달라지는 양상에 대해 많은 학자들은 지구의 지질학적인 역사와 관련지어 해석하고 있다.

지구에 최초의 곤충이 태어난 시기는 지금으로부터 4억 년 전인 고생대의 데본기 시대였다. 그 뒤 중생대, 신생대를 거쳐 수많은 곤충 종류가 지구에 나타났다가 자취를 감추고 또한 새로운 종(種)이 나타나곤 하는 상황을 되풀이하였다. 그러다가 신생대의 말기인 홍적기(洪積期)에 와서 지구 위에 갑자기 밀어닥친 빙하가 발달하면서 지질학적으로 큰 변동이 생기게 되었다. 이 시기가 끝나고 인류가 최초로 나타나기 시작하였는데 특히 우리나라를 포함한 북반구 쪽이 빙하층의 영향을 많이 받았다.

그 뒤 지구가 서서히 따스해지기 시작할 때 낮은 온도의 환경에서 적응되었던 많은 곤충 무리들은 조금씩 온도가 낮은 지역으로 북상(北上)하거나 같은 지역일 경우 고도(高度)가 높은 산의 위쪽으로

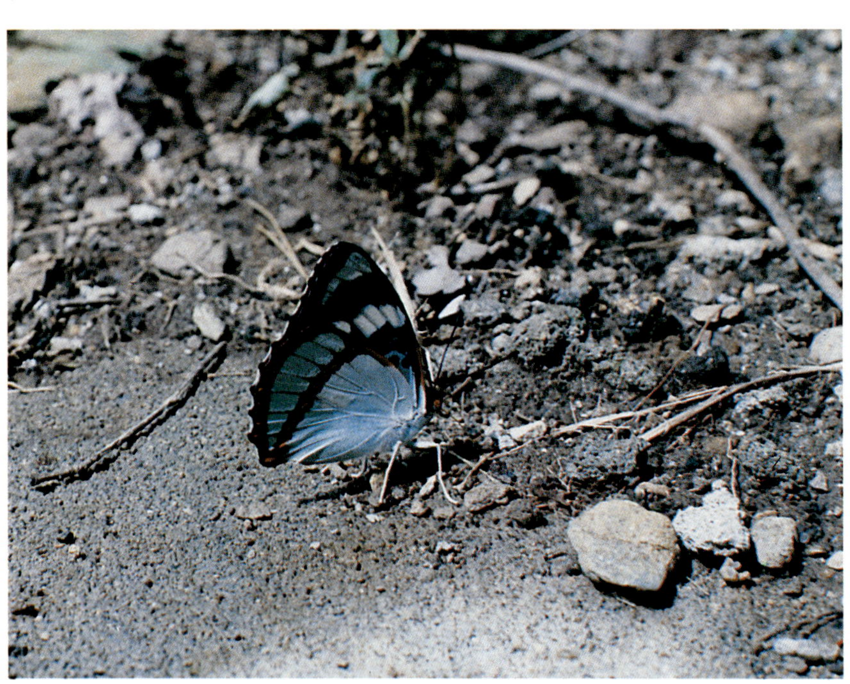

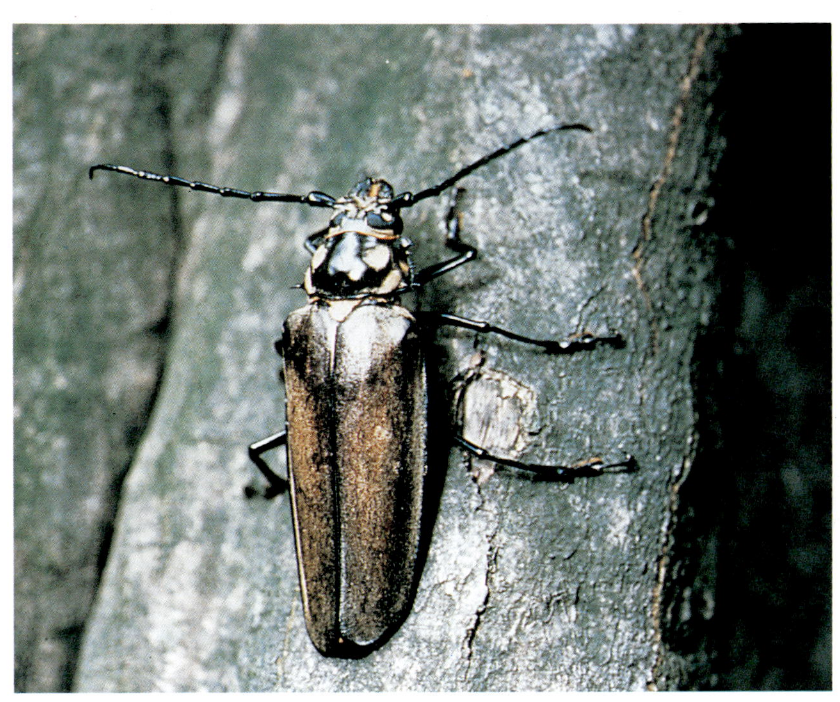

은판나비 *Mimathyma schrenckii* MÉNÉTRIÈS
우리나라의 나비 가운데에서 가장 화려한 나비로 손꼽힌다. 성충은 6월 말부터 7월에
걸쳐 연 1회 발생한다. 느티나무와 느릅나무의 잎에 산란을 하며 동물의 배설물이나
썩은 오염 물질을 좋아한다. 우리나라 전역에 분포하며 중국 동북부, 아무르, 우수리
지방에도 분포한다.(옆면)

장수하늘소 *Callipogon relictus* SEMENOV-TIAN-SHANSKY
우리나라 하늘소 무리 가운데 가장 큰 종으로 톱하늘소아과에 속한다. 천연기념물
제 218호로 지정되어 있고 성충은 7, 8월에 나타나 암컷은 서나무의 줄기에 100개
가량의 알을 낳는다. 현재 경기도 광릉과 강원도 소금강에만 나타난다.(위)

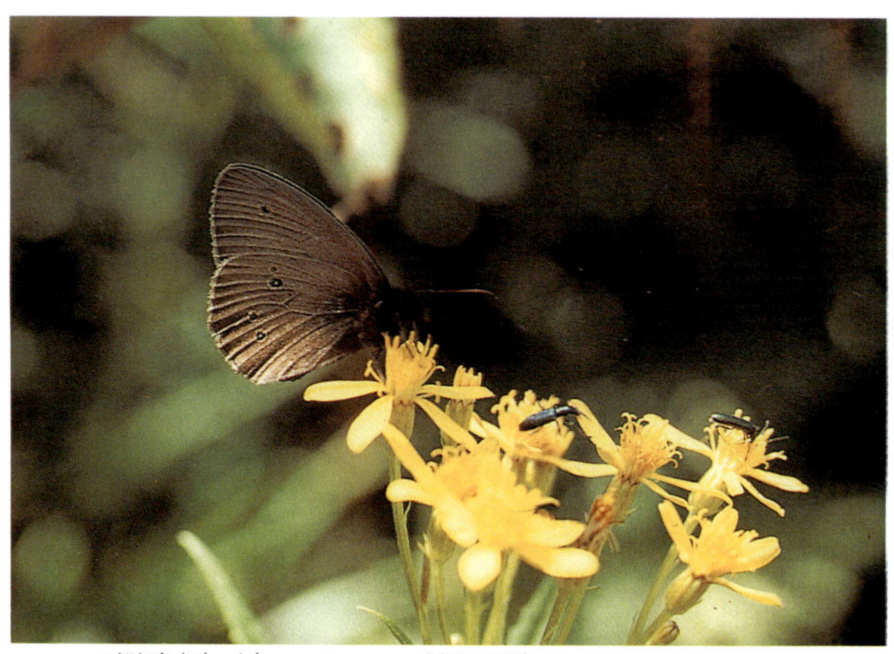

가락지나비 *Aphantopus hyperantus* LINNAEUS
성충은 7월에서 8월에 걸쳐 1회 발생되고 있다.
남한에서는 제주도의 한라산에서 서식하고 있으며 그 밖에 속리산, 지리산 등에서의
채집 기록은 확인을 해보아야 한다. 북한에서는 주로 개마고원 이북에 널리 분포하고
있으며 외국에서는 유라시아에 분포하고 있다.

올라가 새로운 서식 환경을 조성했다. 그 대표적인 예가 가락지나비
와 산굴뚝나비인데 이 무리들은 우리나라에서는 제주도의 한라산
정상 부근과 이북의 개마고원 이상의 높은 지대에서 나타나고 중부
와 남부 지방에서는 나타나지 않고 있다. 곧 낮은 온도에서 적응되
었던 이 나비들이 지구가 조금씩 더워지니까 차츰 기온이 낮은 지역
으로 북상을 거듭해서 한반도의 개마고원 이상의 높은 지대로 올라
갔으나 제주도에서 바다를 건너지 못했던 일부 무리들은 그래도
비교적 온도가 낮은 한라산 꼭대기 부근으로 올라가서 새로운 서식
처를 만들었다.

계절에 따른 곤충 실태

　우리나라는 사계절이 뚜렷하여 각 계절마다 나타나는 곤충 무리들이 다르다. 멧노랑나비, 청띠신선나비, 무당벌레, 딱정벌레 무리 등과 같이 성충으로 월동하여 이듬해 봄에 다시 나타나는 무리도 있고 호랑나비, 모시나비, 큰줄흰나비 등과 같이 겨울을 번데기로 보내고 봄에 우화(羽化;번데기가 날개 있는 성충으로 변하는 일)하는 무리도 있다. 겨울철을 알이나 애벌레로 보내는 무리들은 보통 늦은 봄이나 여름철이 되면 성충이 되어 활동한다.

　많은 곤충들이 1년 가운데 어느 계절에 한하여 한 번 발생하는 경우가 많으나 호랑나비, 범부전나비, 북방거꾸로여덟팔나비 등과 같이 봄, 여름 등 1년에 2번 이상 발생하는 무리도 있다. 매미나 하늘소 무리 등은 땅 속이나 나무줄기 속에서 2 내지 5년을 애벌레나 번데기 상태로 생활하다가 성충이 되어 나오기도 한다.

봄의 곤충

차갑던 대지에 따뜻한 바람이 불고 양지바른 들녘에 새싹이 움을 트면 어느덧 봄을 알리는 봄 곤충들이 나타난다.

커다란 나뭇가지 밑이나 큰 돌틈에서 한겨울을 지냈던 청띠신선나비, 멧노랑나비, 무당벌레 등 성충으로 겨울을 보냈던 많은 종류의 곤충들이 제일 먼저 움직이기 시작한다. 이어서 애벌레들이 자기들의 먹이가 되는 나무줄기나 풀의 어린 싹을 향해 서서히 움직이기 시작한다. 겨우내 배추밭의 한 구석에서 번데기 상태로 있던 배추흰나비, 큰줄흰나비, 호랑나비 등은 드디어 날기 시작한다.

나무줄기의 틈이나 돌틈에서 겨울을 보냈던 무당벌레나 잎벌레 무리들이 한창 물이 오른 버드나무나 포플라 등의 줄기에서 먹이와 제 짝을 찾기에 분주하다. 봄의 여왕이라 할 수 있는 애호랑나비의 화려한 자태도 진달래가 꽃망울을 터뜨릴 때쯤이면 볼 수 있다. 봄이 무르익으면 작은주홍부전나비가 이꽃 저꽃으로 나풀거리고 수중다리꽃등에, 벌붙이파리의 활동도 눈에 많이 띈다.

봄에는 꽃이 많이 핀 곳만 찾아다니면 여러 종류의 곤충을 관찰할 수 있다. 그러므로 이때에는 어떠한 꽃에 어떠한 종류의 곤충이 많이 모이는가를 유심히 관찰해서 꽃과 곤충과의 관계를 살펴보는 것도 좋겠다.

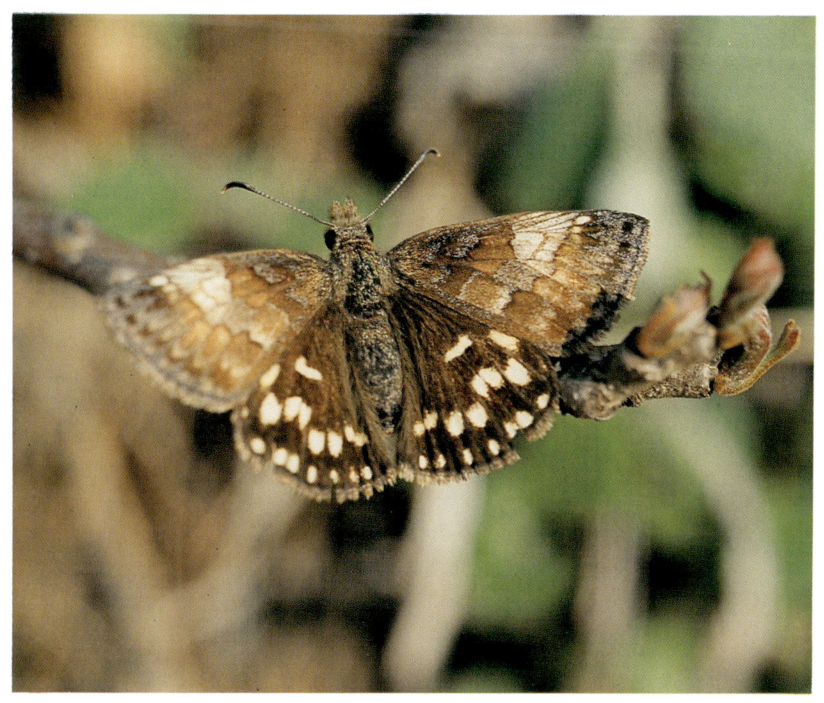

멧팔랑나비 *Erynnis montanus* BREMER

이른봄에 야산에서 가장 먼저 나타나는 나비로 3월 말에서 5월 중순에 걸쳐 연 1회 나타난다. 암컷은 앞날개의 표면 중앙에 띠무늬가 있고 앞날개의 뒷면에 노랑색의 무늬가 크게 있어 암수가 쉽게 구별된다.

주로 야산의 잡목림에서 살며 진달래, 민들레, 제비꽃, 나무딸기 등의 꽃에서 꿀을 즐겨 먹는다. 쉴 때는 낙엽이나 잔 나뭇가지, 길바닥 등에 앉으며 알을 떡갈나무의 어린 잎 밑에 1개씩 낳는다.

우리나라 전역과 제주도, 일본, 중국, 아무르 등에 분포하고 있다.

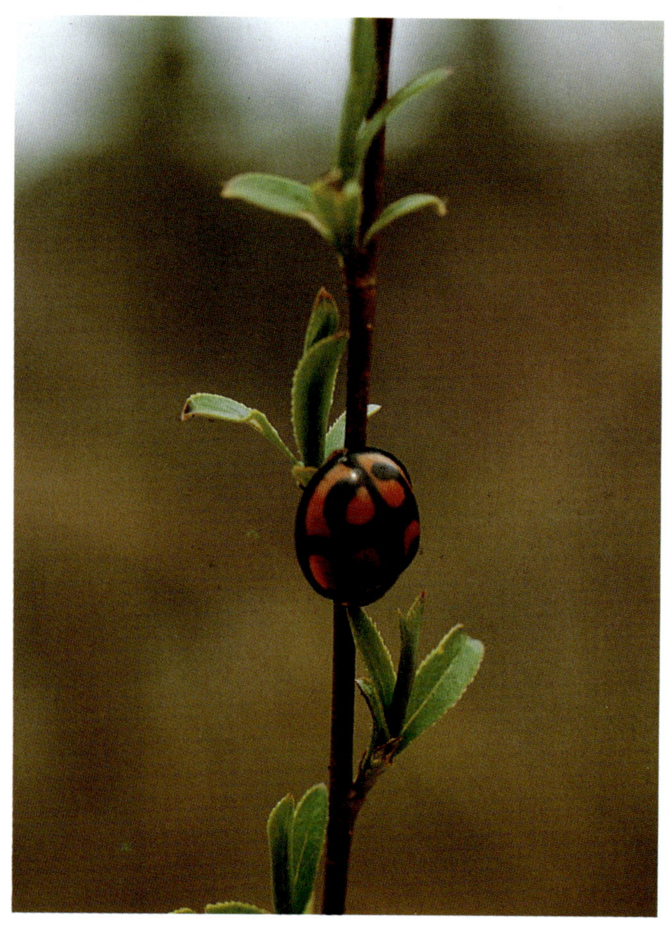

남생이무당벌레 *Aiolocaria mirabilis* MOTSCHULSKY
몸 길이가 11 내지 13밀리미터로 한국산 무당벌레 무리 가운데에서는 가장 큰 종에 속한다.
앞날개인 딱지날개는 둥글게 팽대해 있으며 적황색 바탕에 흑색 띠무늬가 서로 연결되어 있다. 가끔 드물게 딱지날개가 전체적으로 흑색을 띤 흑화종(黑化種)도 생겨나고 있으나 그 수는 적다. 4월에 교미를 마친 암컷은 적황색을 띤 타원형의 알을 40 내지 50개씩 군데군데 낳는다. 부화된 유충은 깍지벌레나 진딧물의 유충 등 해충을 포식하므로 익충의 구실을 해준다.
우리나라 전역, 일본, 중국, 만주, 시베리아 등에 분포한다.

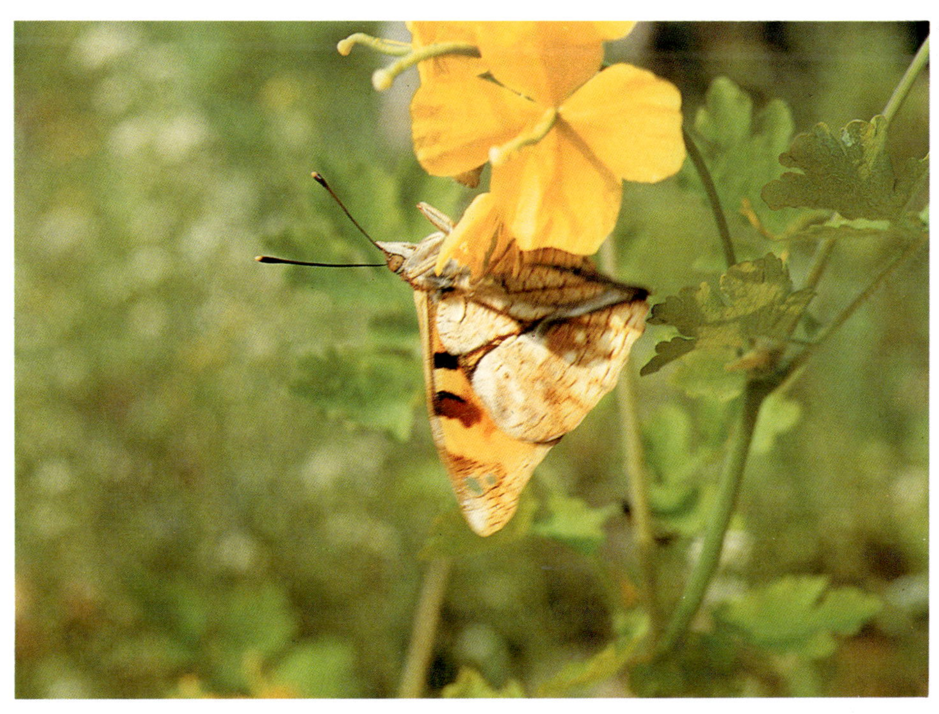

유리창나비　*Dilipa fenestra*　LEECH

　수컷은 암컷에 비하여 약간 작고 날개 표면의 주황색과 검정색 무늬가 뚜렷하여 쉽게 암수가 구별된다. 나비의 이름이 앞날개 끝 부근에 있는 투명한 막질의 타원형 무늬에서 유래하였는데 종명 *fenestra*는 '창이 있는'이라는 뜻이다. 4월 초에서 5월 초에 걸쳐 연 1회 나타나며 도로의 습한 곳 또는 시냇가 등에서 물을 마시는 것을 볼 수 있다. 유충은 팽나무와 풍게나무의 잎을 먹으며 번데기로 월동한다.

　우리나라의 동북부 산악 지대와 태백산맥 산지를 제외한 전역에 분포하며 섬에는 나타나지 않고 있다. 중국, 남만주 등에도 분포하고 있다.

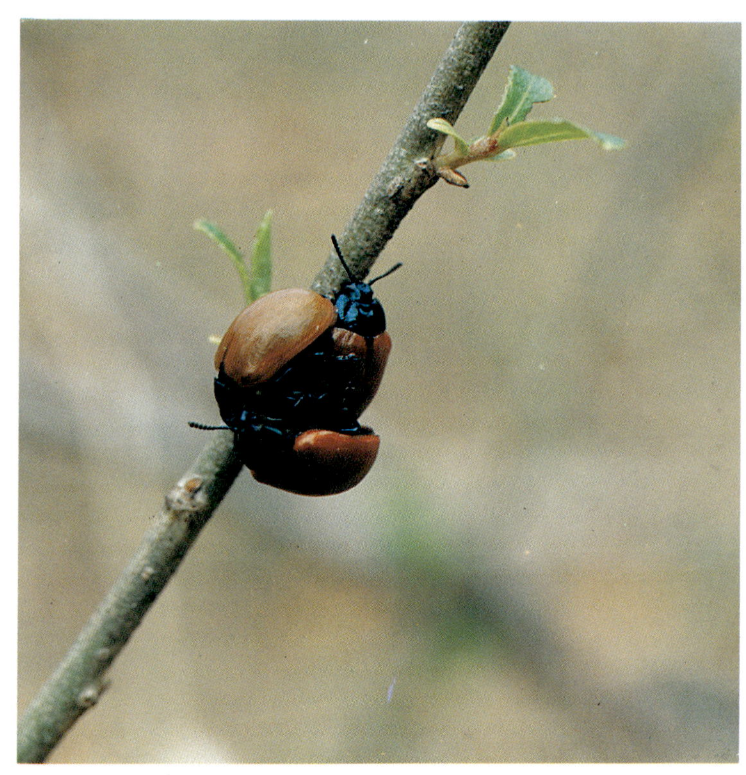

황철나무잎벌레 *Chrysomela populi* LINNAEUS
 몸 길이가 10밀리미터 정도로 잎벌레과 무리 가운데에서는 큰 종에 속한다. 머리와
가슴은 흑색 바탕에 남색 광택이 나며 딱지날개는 황적색을 띠고 있다.
 유충은 버드나무, 황철나무, 포플라나무 등의 잎을 갉아 먹는 해충이다.
 성충은 주로 4월 중순경에 교미를 하며 등황색의 알을 나뭇가지에 낳는다.
 우리나라 전역에 분포하며 일본, 중국, 북인도, 시베리아 등 구북구 지역에도 널리
분포하고 있다.

참알락팔랑나비   *Carterocephales dieckmanni*   GREAESER

날개의 표면이 흑갈색 바탕에 흰 점무늬가 나 있으며 날개의 뒷면은 다갈색 바탕에
비교적 큰 백색 광택의 점무늬가 여러 개 나 있다.

성충은 4월 말에서 6월 초에 걸쳐 연 1회 나타나고 있다. 개망초에서 꿀을 즐겨 먹으
며 쉴 때는 작은 나뭇가지나 낙엽, 돌 위에서 쉰다.

우리나라에서는 지리산 이북 지역에서만 분포하고 있으며 중국 동북부, 아무르, 우수
리 지역에도 분포하고 있다.

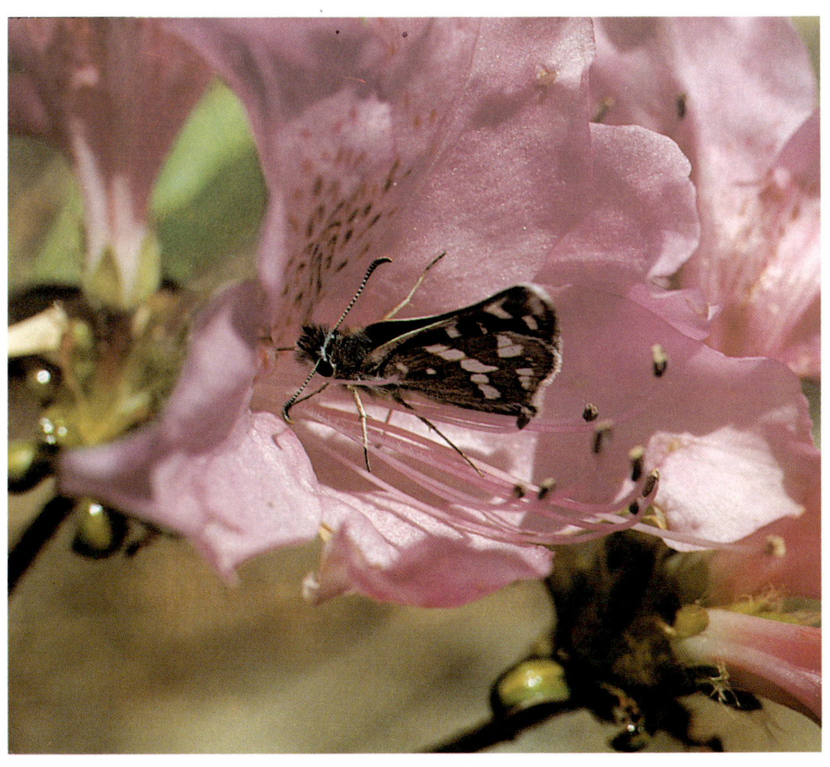

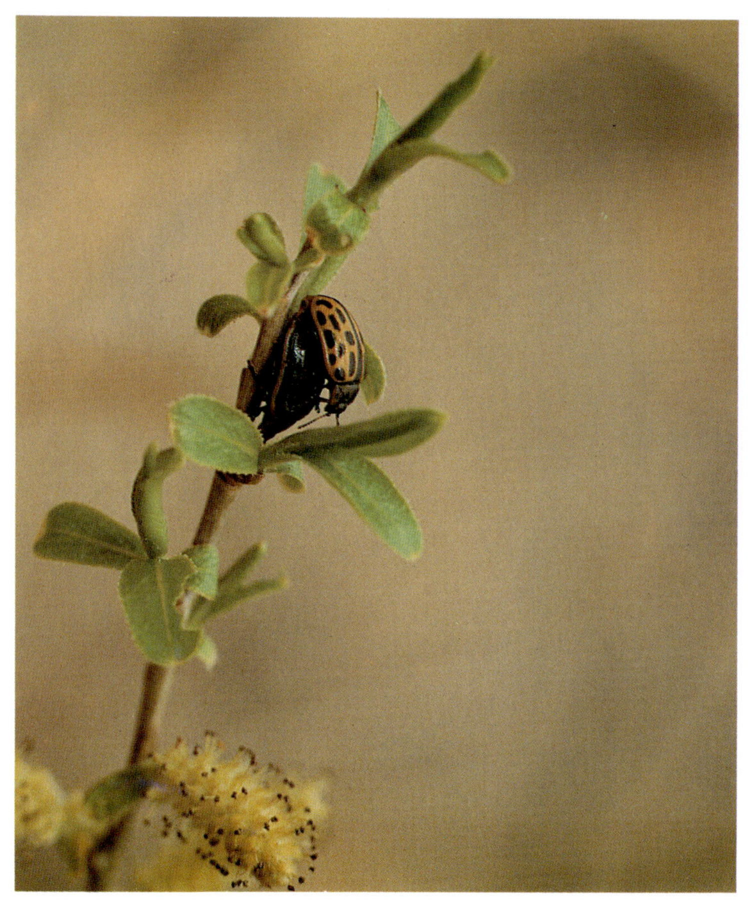

버들잎벌레 *Chrysomela vigintipuncta* SCOPOLI
몸 길이는 8밀리미터 정도로 약간 길쭉한 모습을 하고 있다. 가슴의 양쪽 가장자리와
딱지날개는 황색을 띠고 있으며, 날개에는 각기 10개씩의 세로로 흑색 점무늬가 나
있다.
성충은 4월 중순경에 교미를 하며 버드나무의 가지에 산란한다. 부화된 유충은 버드
나무를 갉아 먹는 해충이다.
우리나라 전지역과 일본, 대만, 중국, 시베리아, 유럽 등지에 분포하고 있다.

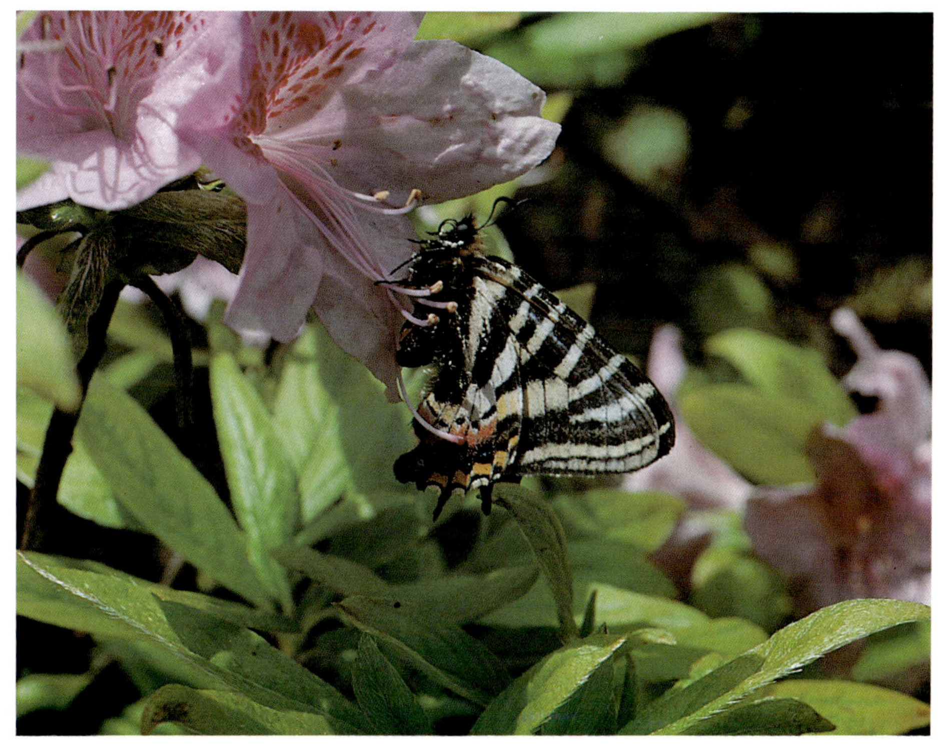

애호랑나비 *Luehdorfia puziloi*   ERSCHOFF
　진달래꽃이 피기 시작하는 4월 초에 나타나 5월 초에는 자취를 감추지만 설악산이나 오대산 등 산악 지대에서는 5월 말까지 나타난다.
　수컷은 배에 긴 털이 많이 나 있으나 암컷은 그것이 없고 교미 뒤에 수컷의 분비물에 의해 암컷의 배에 수태낭이 만들어지므로 쉽게 암수가 구별된다. 주로 진달래꽃에 모여 꿀을 즐겨 빨며 족도리풀이나 개족도리풀의 잎 뒷면에 7 내지 12개의 알을 낳는다. 유충은 흑갈색을 띠고 있으며 낙엽 밑에서 번데기 상태로 월동한다.
　우리나라 전지역에 분포하나 섬에는 살지 않는다. 일본, 중국 동북부, 시베리아 등에 도 분포한다.

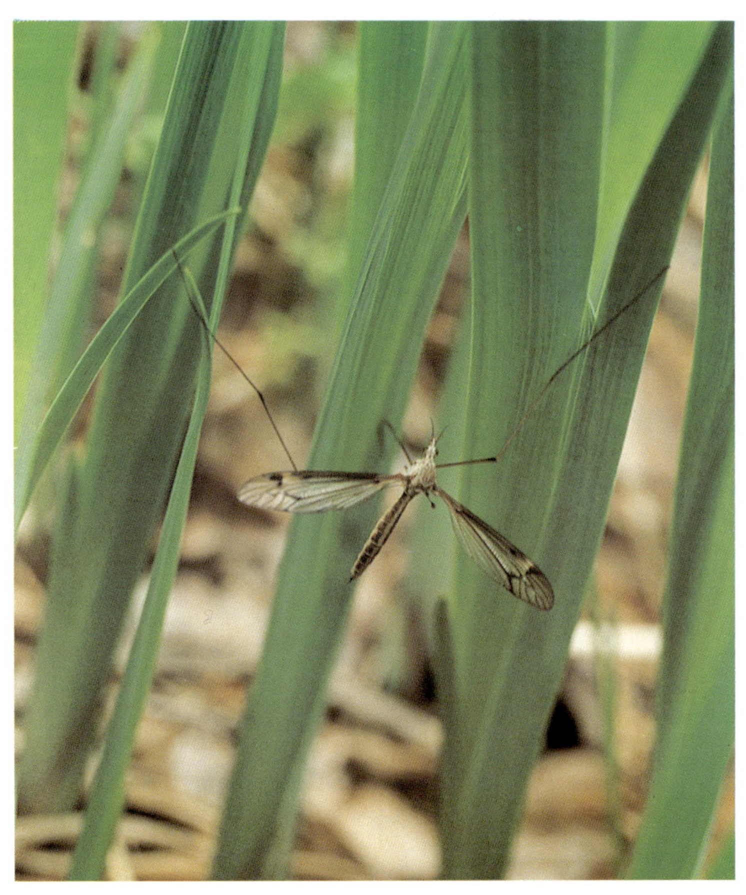

어리아이노각다귀　*Tipula patagiata*　ALEXANDER
　몸 길이는 16, 17밀리미터이고 날개 길이는 22 내지 24밀리미터이다. 머리와 가슴은
회갈색을 띠고 있고, 배의 아랫면은 황색이나 등 쪽은 흑갈색을 띠고 있다. 집 주변이
나 야산에서 4, 5월에 흔히 나타난다.
　우리나라 중부 이남에서 나타나고 있으며 일본에도 분포하고 있다.

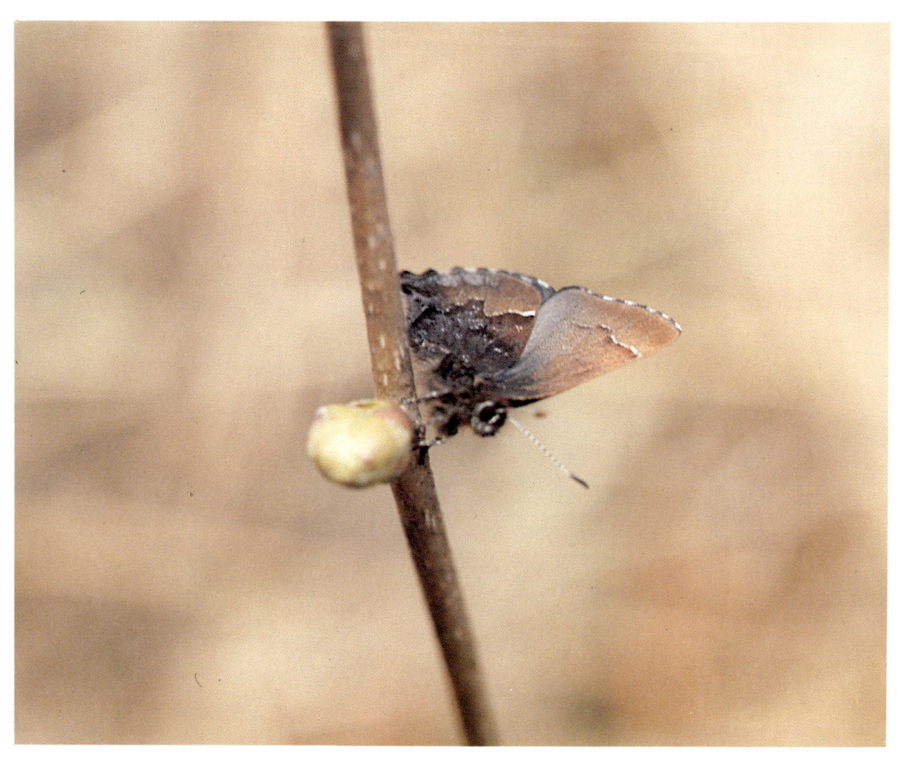

쇳빛부전나비   *Callophrys frivaldszkyi*   LEDERER
  수컷은 암컷보다 작으며 앞날개 표면의 중앙에 수컷의 성징을 나타내는 푸른 부위가
있다. 4월 초에서 말까지 이른봄에만 잠시 나타난다. 야산의 숲 가장자리에 많이 살고
있으며, 잡목의 나뭇가지 위나 마른 풀, 줄기 끝에 흔히 앉아 있다. 진달래꽃에서
꿀을 즐겨 빨며 산란도 진달래꽃에 한다.
  우리나라 전역과 일본, 아무르, 시베리아 등지에 넓게 분포하고 있다.

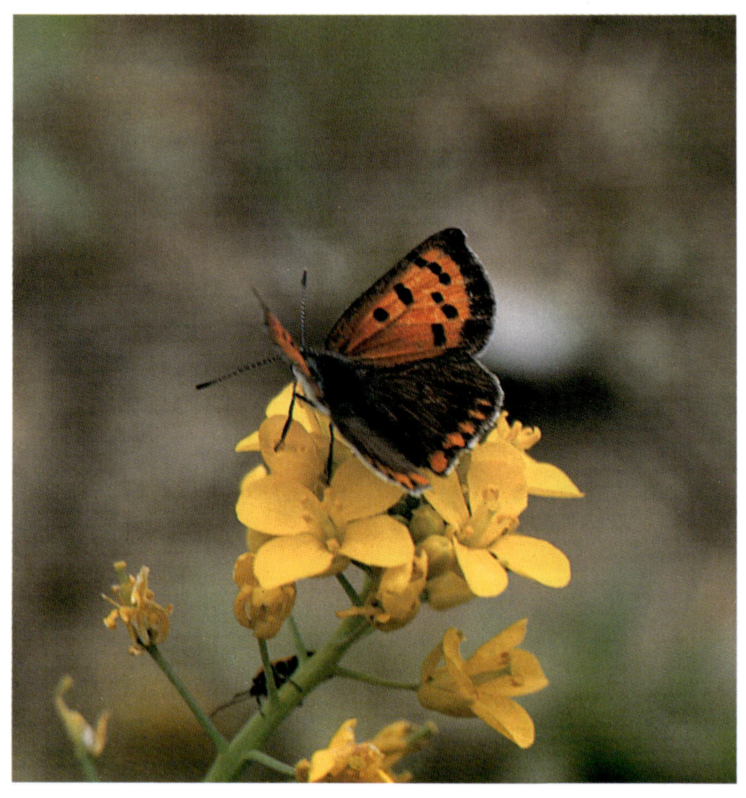

작은주홍부전나비 *Lycaena phlaeas* LINNAEUS

수컷은 앞날개의 가장자리가 직선으로 날개 끝이 뾰족하며 암컷은 수컷에 비해 약간 크고 날개 모양이 둥그스름하다. 발생 횟수가 정확하지 않아 4월에서 10월까지 성충이 나타나는데 봄형은 4월에 나타나고 여름형은 6월 말에 나타나며 그 뒤에도 발생을 되풀이하는 것 같다.

성충은 엉겅퀴, 개망초, 유채, 나무딸기, 미나리아재비 등의 꽃에서 꿀을 즐겨 빨며 양지바른 풀밭이나 야산에서 민첩하게 날아다닌다.

우리나라 전역에 분포하며 일본, 중국, 히말라야, 시베리아, 만주, 유럽 등지에도 분포한다.

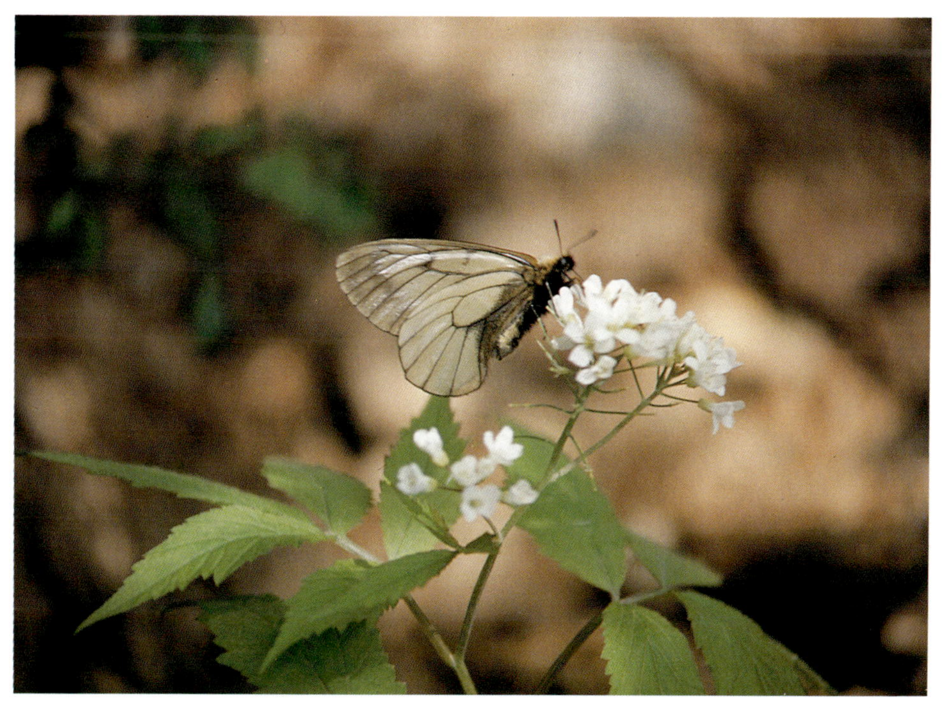

모시나비 *Parnassius stubbendorfii* MÉNÉTRIÈS

날개가 반투명하다는 데에서 그 이름이 유래한다. 수컷의 배 전면에는 긴 털이 나 있으나 암컷에는 이것이 없으며 교미가 끝난 암컷의 배 끝에는 수태낭이 붙어 있다. 따라서 이른봄의 암컷 애호랑나비와 마찬가지로 다시는 수컷과 가까이하지 못하는 정절이 강요되고 있다.

성충은 5월 초에 나타나 5월 말에는 자취를 감추는데, 매우 천천히 날며 기린초, 애기 똥풀, 나무딸기, 미나리냉이 등의 꽃에서 꿀을 즐겨 빤다.

우리나라 전역에 살며 개체 수도 많은 편이다. 일본, 사할린, 중국 북부, 아무르, 우수 리, 티벳, 카시미르 등지에 분포하고 있다.

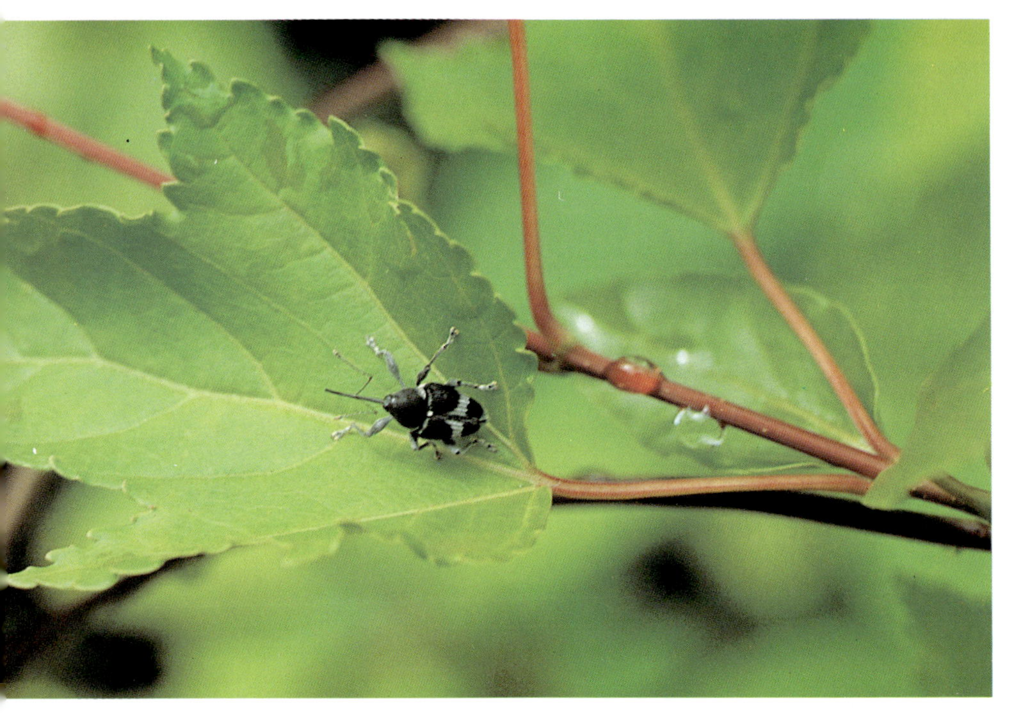

흰띠꿀꿀이바구미   *Curculio styracis*   ROELOFS

몸 길이가 6 내지 6.5밀리미터이며 주둥이의 길이는 5, 6밀리미터이다. 더듬이는 주둥이의 중간 부분에 나 있으며 적갈색을 띠고 있다. 몸은 대체로 흑색 바탕인데 딱지날개의 기부(基部;날개가 몸통에 붙은 쪽으로 가장 가까운 곳)와 중앙에 백색 인모(鱗毛)가 나 있으며 몸의 아랫면에도 백색 인모가 드리워져 있다. 5월 중순경에 성충이 되어 주로 잡목림에서 생활하고 있다.

우리나라 전역과 일본에 분포하고 있다.

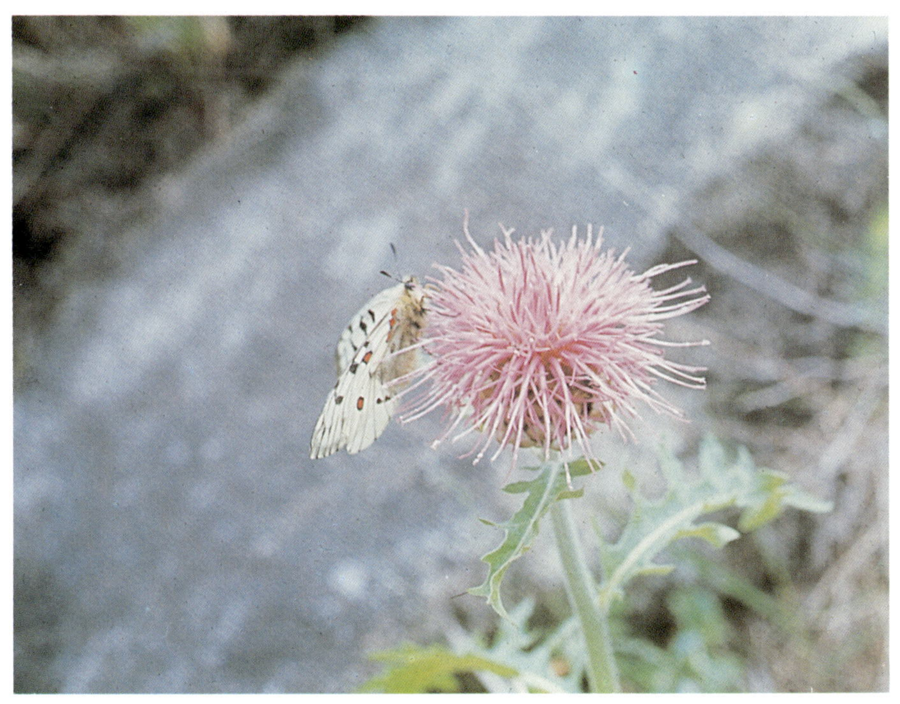

붉은점모시나비 *Parnassius bremeri* BREMER

모시나비와는 생긴 모습이나 나는 모습이 거의 비슷하지만 날개에 붉은 점무늬가
있는 것이 다르다.

성충은 5월에 나타나며 교미가 끝난 암컷은 배 끝에 수태낭이 붙어 있다. 수컷은
배 전체에 연한 노랑색의 긴 털이 나 있지만 암컷에는 없다. 양지바른 풀밭을 천천히
날아다니면서 엉겅퀴, 기린초, 나무딸기 등에서 꿀을 즐겨 빤다. 알 속에서 부화한
1령 유충으로 알껍질 속에서 여름, 가을, 겨울을 지낸다. 유충은 3월 말에서 4월 초에
알껍질을 뚫고 나와 기린초의 잎을 먹고 성장하며 엉성한 고치를 만들고 번데기가
된다.

일부 낮은 지대를 뺀 우리나라 전역에 부분적으로 분포하며 중국, 시베리아 등지에도
분포한다.

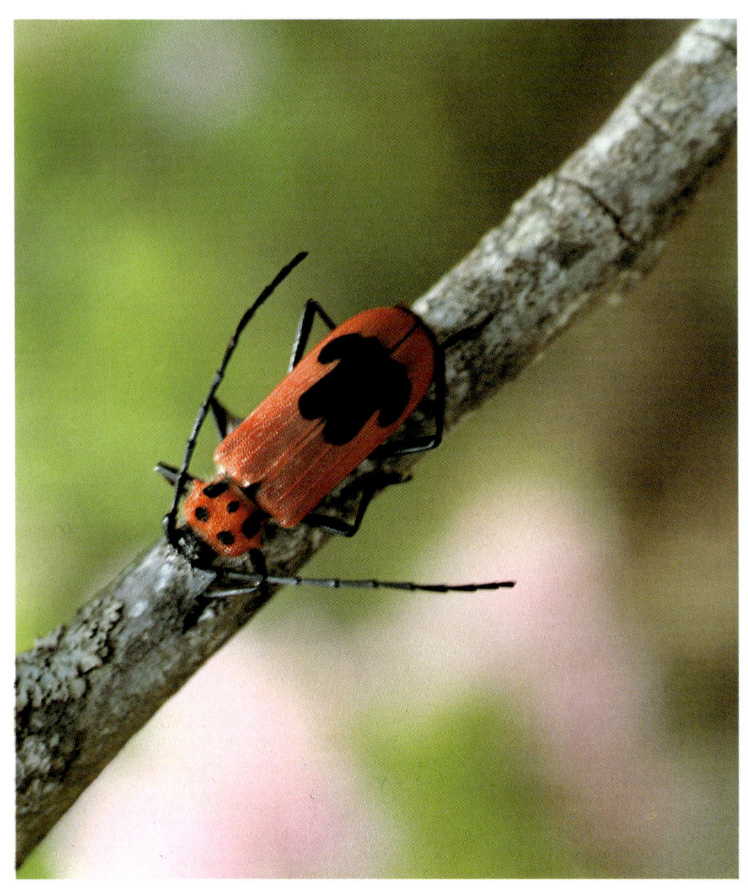

모자무늬주홍하늘소 *Purpuricenus lituratus*   GANGLBAUER
몸 길이는 17 내지 23밀리미터인데 가슴의 등면과 딱지날개는 아름다운 적황색 바탕
으로 되어 있다. 딱지날개의 중앙 부분에서 아래쪽으로 모자 모양을 한 검정색 무늬
가 있다는 점에서 이름이 유래하고 있다.
성충은 5월 초에서 6월 중순에 걸쳐 나타나며 꽃이나 참나무류의 잎에 날아든다.
우리나라 전지역과 제주도에 분포하며 일본, 중국, 만주, 시베리아 동남부 등지에도
분포하고 있다.

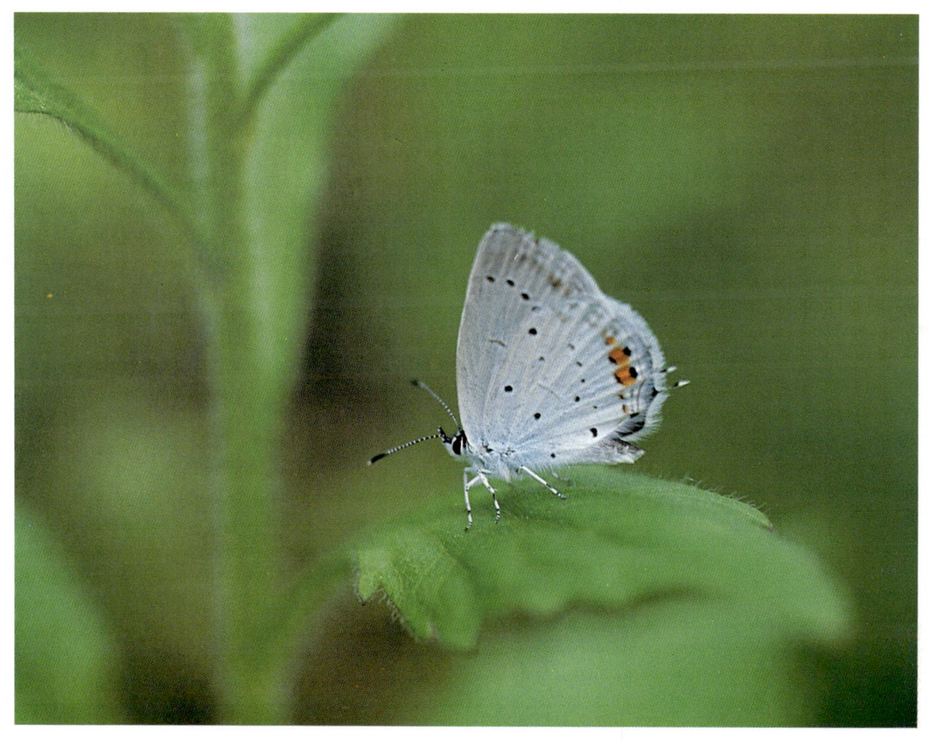

암먹부전나비 *Everes argiades* PALLAS

　수컷은 날개의 표면이 청남색이며 바깥 테두리가 검정색으로 둘러져 있으나 암컷은 날개의 표면 전체가 검정색 바탕으로 되어 있다.

　4월 초에서 10월까지 연 3, 4회 나타나는데 냉이, 토끼풀, 조록싸리, 멍석딸기, 개망초 등의 꽃에서 꿀을 즐겨 빤다.

　양지바른 길가, 논밭 주변, 야산 등지에서 사는데 우리나라 전역에서 가장 흔히 볼 수 있는 나비이다.

　일본, 대만, 중국, 히말라야, 티벳, 시베리아, 유럽 등지에 널리 분포하고 있다.

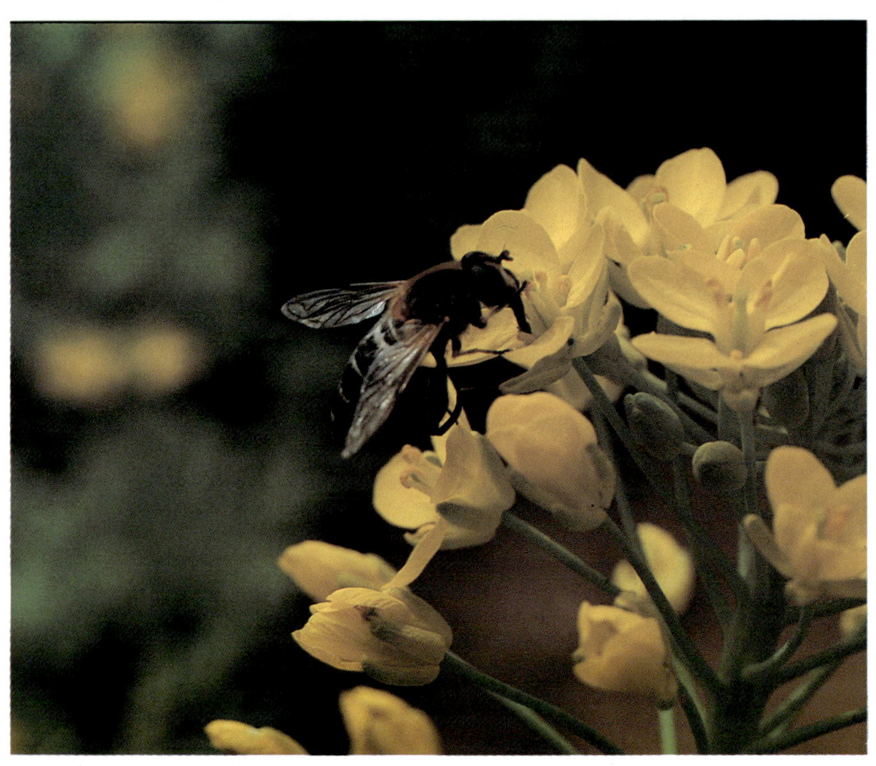

수중다리꽃등에 *Tubifera virgatus* COQUILLETT
　몸 길이는 12 내지 14밀리미터 정도인데 흑갈색 바탕의 몸 복부에는 각 마디에 황색
의 가로 띠무늬가 1개씩 있다. 다리는 흑색이고 앞다리와 가운뎃다리의 무릎 이하는
연한 황적색이며 뒷다리의 넓적다리마디는 가운데가 아주 굵고, 아랫부분 가장자리에
짧은 센 털(剛毛)이 많이 나 있다. 성충은 4월에서 10월 초까지 나타나나 그리 흔하
지는 않다.
　우리나라 전역과 일본, 중국 등에 분포하고 있다.

큰줄흰나비 *Artogeia melete* MÉNÉTRIÈS

암컷은 앞날개 뒷면의 검정색 무늬가 크게 발달되어 있고 뒷날개 아랫면은 노랑색을
연하게 띠고 있어 수컷과 쉽게 구별된다.
성충은 4월 초부터 10월까지 나타나는데 연 3회 이상 발생하는 것 같다.
들판이나 낮은 야산의 숲 가장자리에 흔히 살며 개망초, 미나리냉이, 무, 파, 나무딸기
등 많은 종류의 꽃에서 꿀을 빤다. 유충의 먹이가 미나리냉이이므로 이들의 잎 뒷면
에 1개씩 알을 낳고 있다.
우리나라 전역과 일본, 사할린, 중국, 만주 등 동북 아시아에 분포하고 있다.

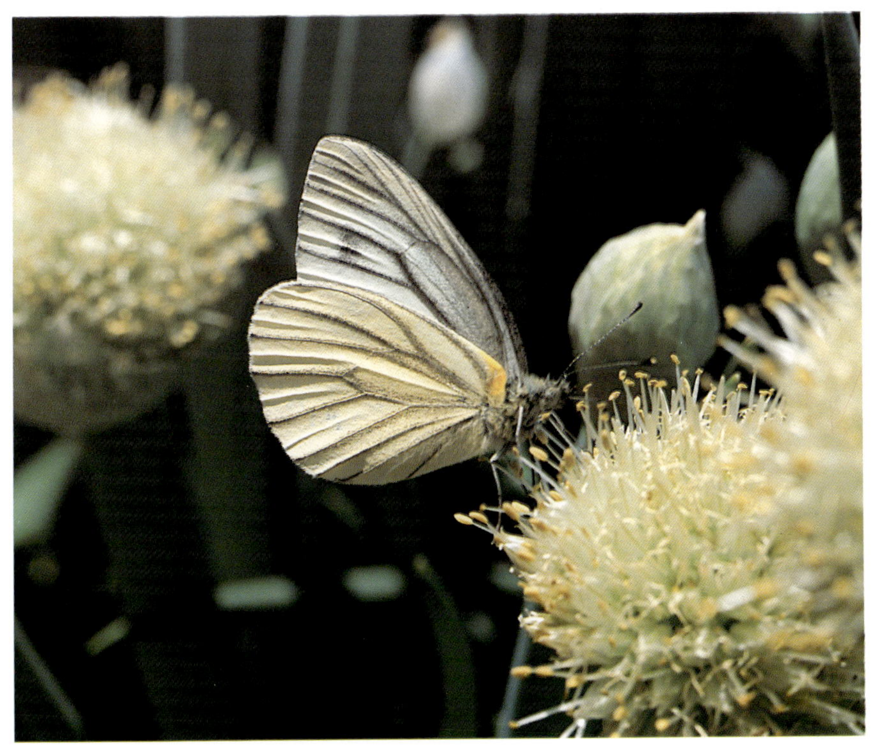

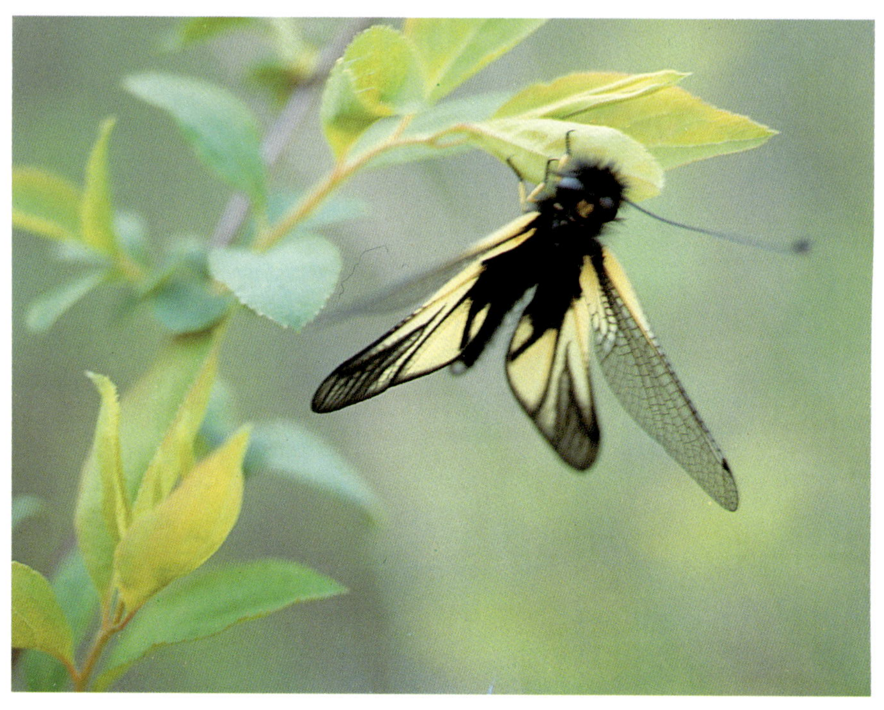

노랑뿔잠자리　*Ascalaphus sibilicus*　EVERSMANN
　몸 길이는 22 내지 25밀리미터 정도이고 펼친 날개 길이가 55 내지 58밀리미터 정도
이다.
　잠자리 무리와 비슷한 모습을 하고 있으나 이 종류는 풀잠자리목에 속하며 완전 변태
를 하는 무리이다. 긴 더듬이를 가졌으며 머리와 가슴에는 잔 털이 많이 나 있고 날개
가 연한 노랑색을 띠고 있다.
　유충은 큰 턱이 잘 발달되어서 땅 표면의 부스러기 등에 숨어 있다가 지나가는 작은
곤충들을 포식한다. 성충은 4월 말에서 6월 초에 걸쳐 나타나는데 주로 들판이나
잡목이 우거진 야산에서 살고 있다.
　우리나라 전지역과 중국, 만주 등지에 분포하고 있다.

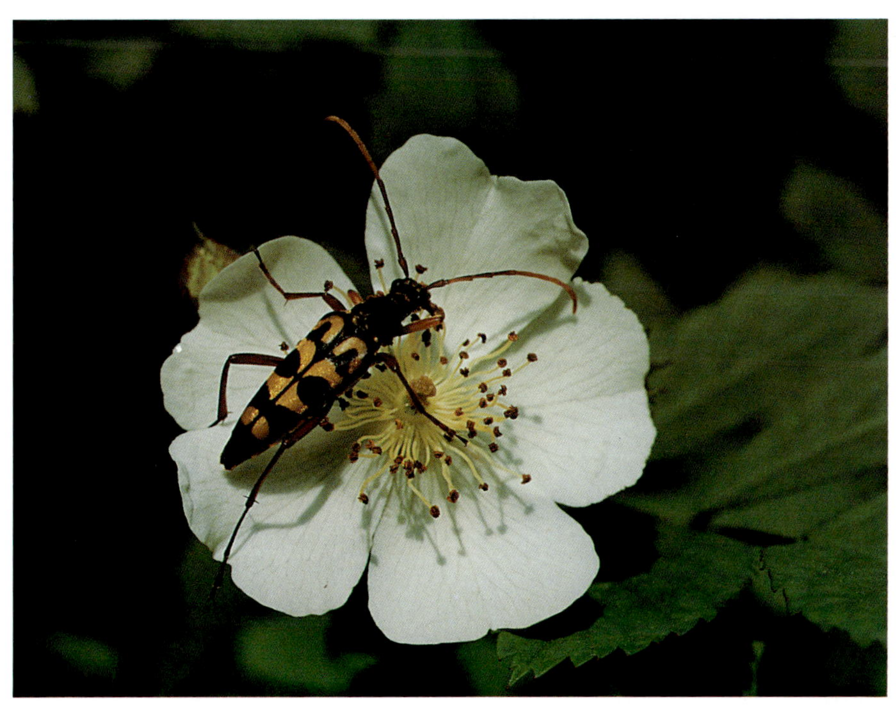

긴알락꽃하늘소 *Leptura arcuata* PANZER

몸 길이는 12 내지 18밀리미터인데 수컷은 암컷에 비해 약간 작으며 더듬이와 다리가 흑색을 띠고 있어 황갈색을 띤 암컷과 구별된다. 머리와 가슴은 흑색을 띠고 있으며 딱지날개에는 흑색 바탕에 아름다운 황색 띠무늬가 나 있다.

성충은 5월 초에서 8월에 걸쳐 나타나는데 특히 찔레나무 꽃에 많이 날아든다.

우리나라 전역과 울릉도, 제주도 등지에도 분포하며 일본, 사할린, 중국, 만주, 몽고, 시베리아, 유럽 등지에 널리 분포하고 있다.

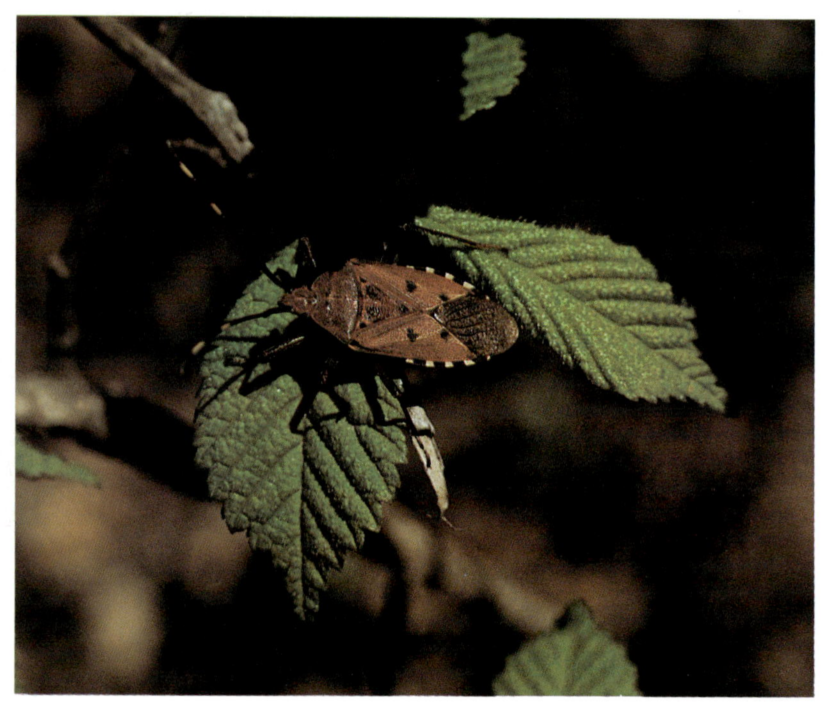

두쌍무늬노린재 *Urochela quadrinotata* REUTER

몸 길이는 15밀리미터 정도이며 몸의 등면은 평평하고 적색을 띤 갈색으로서 머리는 작고 겹눈은 흑색이다. 작은방패판(小楯板)은 비교적 길고 앞날개의 혁질부(革質部)에는 좌우에 각각 뚜렷한 1쌍 곧 2쌍의 작은 흑색 점이 있어 이러한 이름이 유래하고 있다.

성충은 5월 초에서 8월에 걸쳐 나타나는데 주로 산골의 개암나무에 많이 모이고 있다.

우리나라 전역과 일본, 만주, 동부 시베리아 등에 분포하고 있다.

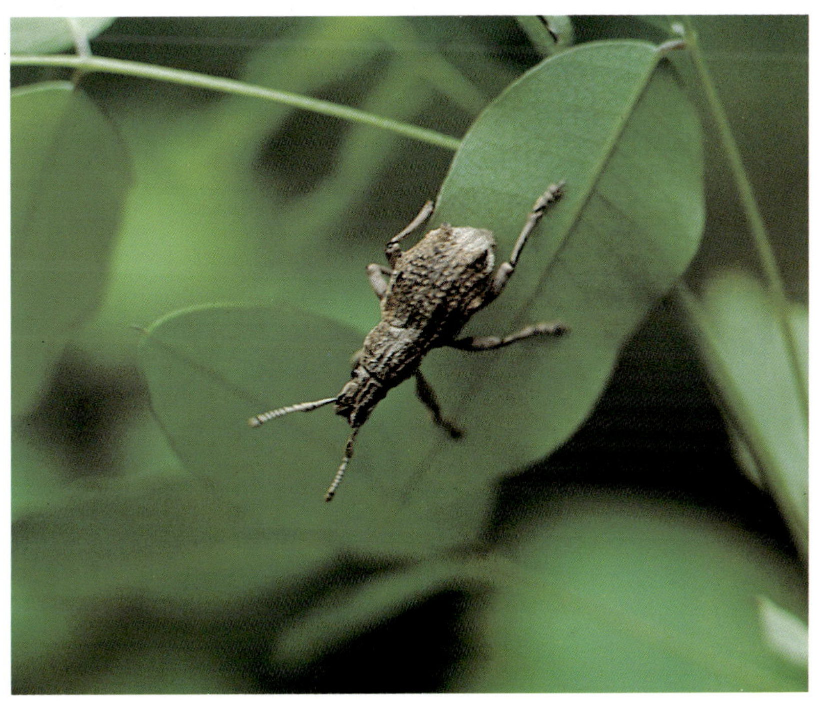

혹바구미 *Episomus turritus* GYLLENHAL

몸 길이는 15 내지 17밀리미터인데 몸 전체가 회백색 바탕에 약간 어두운 갈색 인편 (鱗片)이 딱지날개에 무늬지어 있다. 또한 딱지날개에는 세로로 엉성하게 점각열이 나 있으며, 제3열의 끝쪽에서는 혹처럼 올라온 부위가 있어 이러한 이름이 유래되고 있다.

성충은 5월에서 8월에 걸쳐 나타나며 야산의 잡목림에서 살고 있다.

우리나라 전역과 일본, 중국 등지에 분포하고 있다.

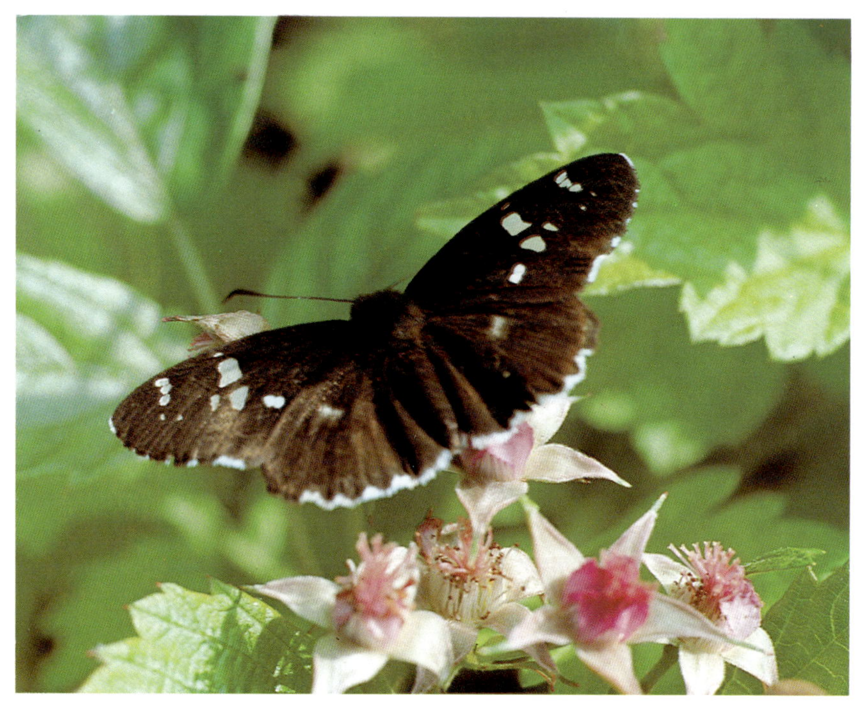

왕자팔랑나비 *Daimio tethys* MÉNÉTRIÈS

암컷이 수컷보다 약간 크고 앞날개의 흰 무늬와 뒷날개의 흰 무늬 띠가 암컷이 약간
크다. 또한 수컷의 종아리마디에는 긴 털다발이 나 있어 암수가 구별된다.
잡목림이 우거진 숲의 가장자리나 들판의 덤불 주위를 낮고 민첩하게 날아다니며
풀잎이나 나뭇잎 위에 즐겨 앉는다. 엉겅퀴, 나무딸기, 보리수나무, 토끼풀, 꿀풀, 고추
나무 등의 꽃에서 꿀을 빤다.
성충은 5월 초부터 9월 말까지 나타나는데 봄형은 5월, 여름형은 8월에 발생한다.
우리나라 전역과 제주도에 분포하며 일본, 대만, 중국, 버마 북부, 아무르 등지에도
분포하고 있다.

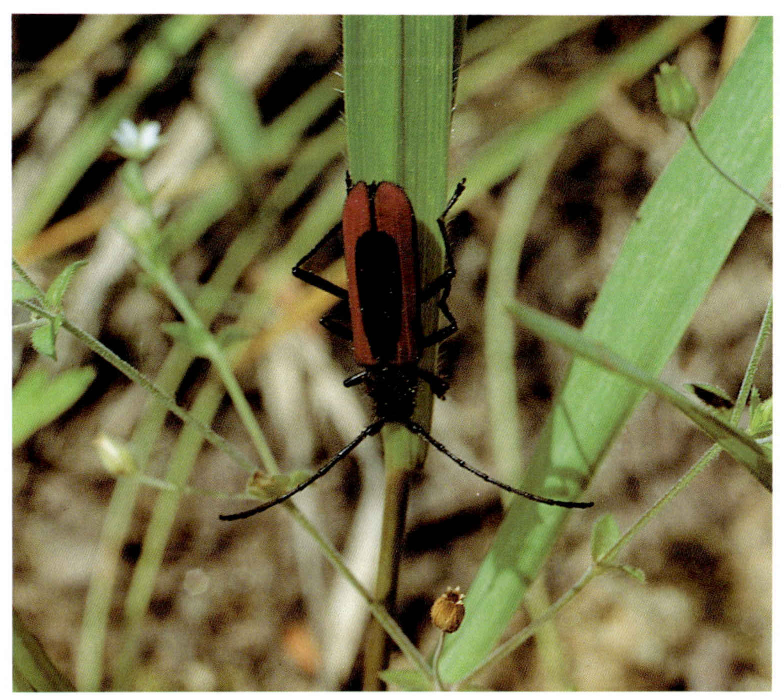

무늬소주홍하늘소 *Amarysius altajensis* LAXMANN
  몸 길이는 14 내지 19밀리미터인데 머리, 가슴, 더듬이, 다리는 흑색을 띠고 있다.
딱지날개는 아름다운 홍적색 바탕에 커다랗게 세로로 검정 무늬가 나 있어 쉽게 다른
종과 구별된다.
  성충은 5월 초에서 6월 말에 걸쳐 연 1회 나타나며 꽃이나 단풍나무류의 잎에 잘
모인다.
  우리나라 전역과 제주도에 분포하며 중국 북부, 몽고, 아무르, 우수리, 시베리아 지역
에 분포하는 전형적인 구북구계의 종이다.

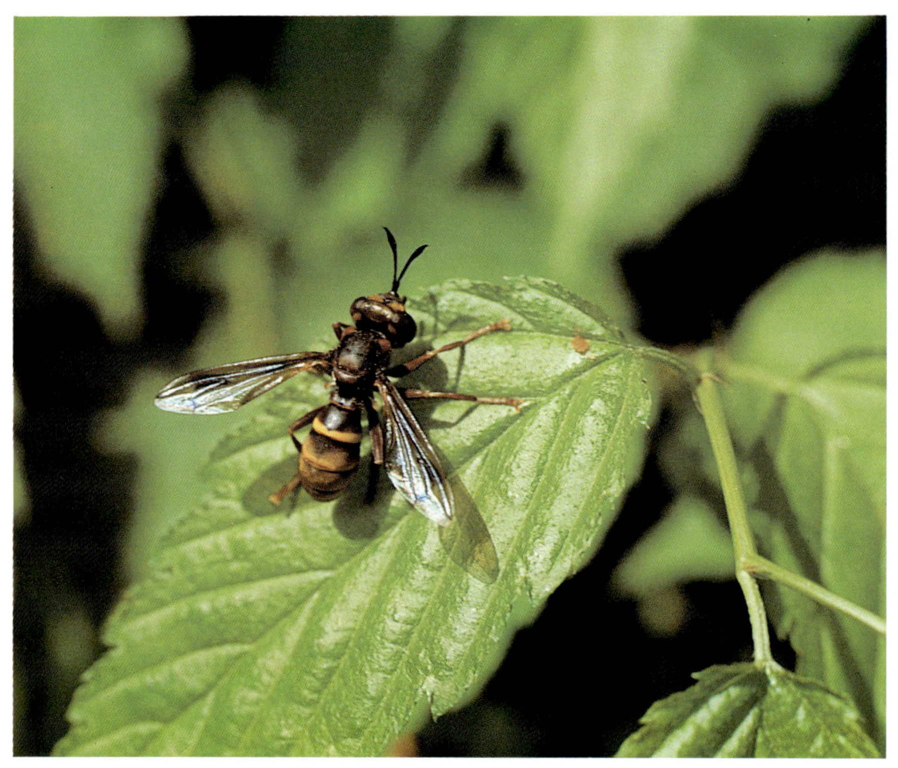

벌붙이파리   *Conops curtulus*   COQUILLETT

몸 길이는 14, 15밀리미터이며 몸은 흑갈색이고 머리는 크며 겹눈 사이는 아주 폭이 넓다. 얼굴은 황색이고 더듬이는 가늘고 길며 주둥이는 적갈색을 띠고 있는데 끝은 숟갈 모양으로 되었다. 날개는 앞쪽으로 절반 가량이 연한 갈색을 띠고 있으며 다리는 적갈색을 나타내고 있다. 배는 기부가 약간 잘록하며 제1 내지 제3배마디의 뒷가장자리는 황색이고 제4배마디 이하는 황회색 가루로 덮였다. 대체적으로 벌의 모습을 닮았다 하여 이러한 이름이 지어졌다.
성충은 4월 말부터 7월에 걸쳐 나타나며 주로 꽃을 즐겨 찾는다.
중부 지방 이남과 일본에 분포하고 있다.

알락수염노린재　*Dolycoris baccarum*　LINNAEUS

몸 길이는 11 내지 13밀리미터이며 몸은 적갈색에서 황갈색으로 색의 많은 변화가 있다. 앞가슴의 옆가장자리는 약간 경사지게 황갈색을 띠며 가는 털이 많이 나 있다. 배의 결합판은 황갈색이고, 각 마디의 앞가장자리와 뒷가장자리 부분은 흑색으로 가로 무늬를 형성한다. 성충은 4월 말에서 8월 초까지 나타나는데 잡초나 국화과 식물 등에 잘 모인다. 특히 5월 중순경에 할미꽃이 지고 난 자리에서 여러 마리가 떼를 지어 교미한다.

우리나라 전역과 제주도에 분포하며 일본, 사할린, 중국, 만주 인도, 시베리아, 유럽 등지에도 분포하고 있다.

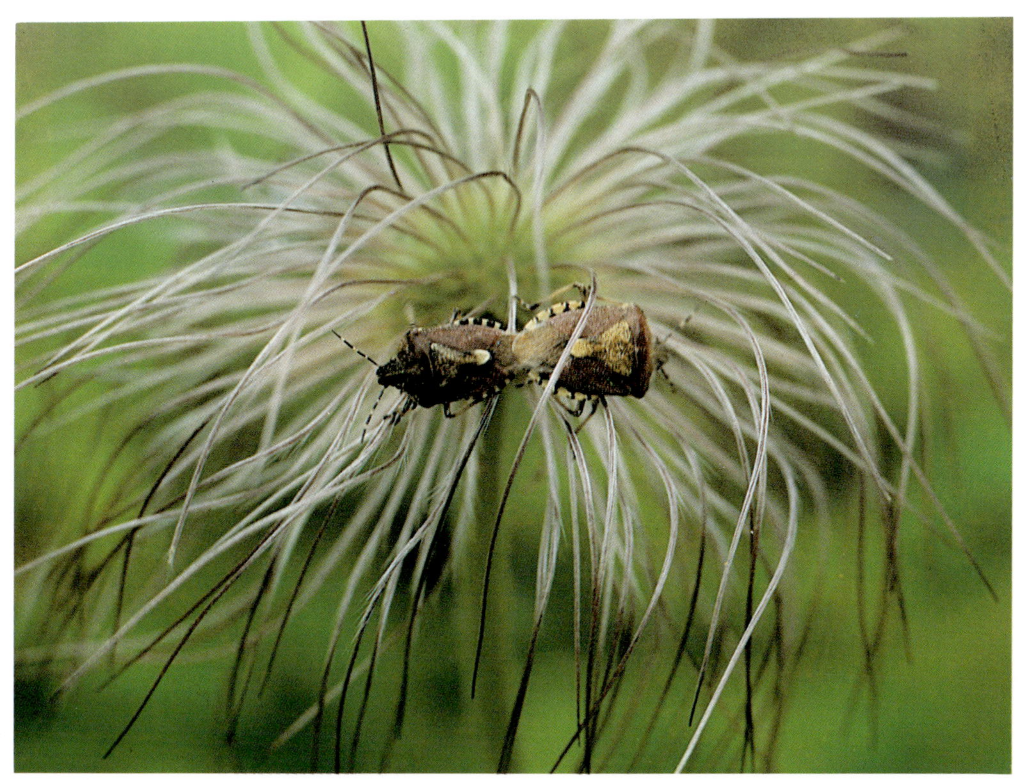

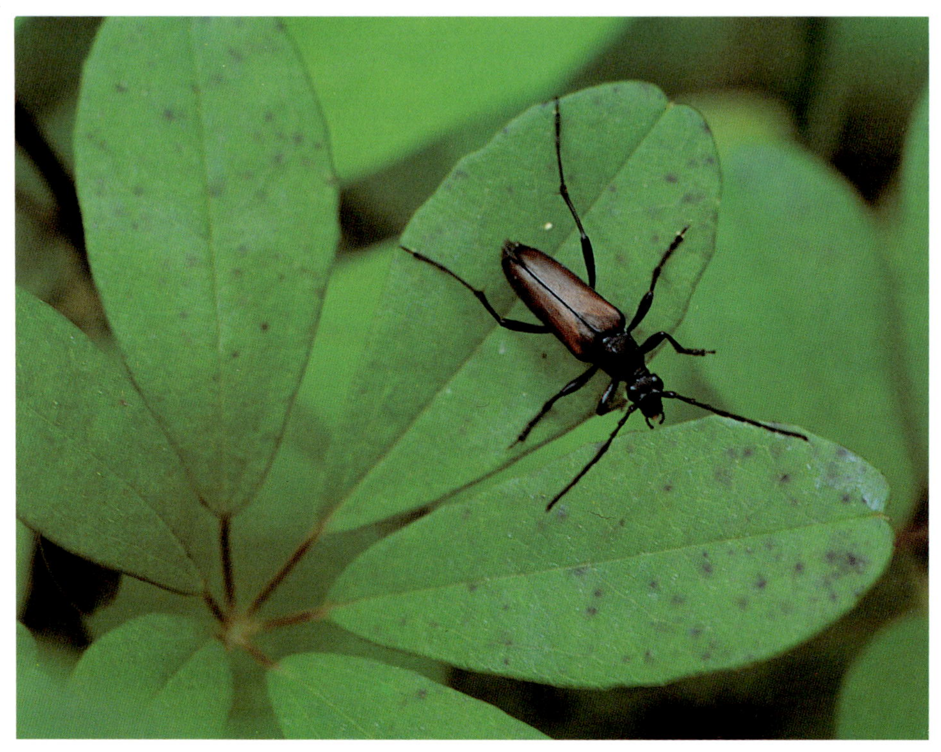

꽃하늘소 *Leptura aethiops* PODA
  몸 길이는 12 내지 17밀리미터인데 머리, 가슴, 더듬이, 다리 등이 모두 흑색을 띠고 있다. 딱지날개는 연한 갈색을 띠고 있으며 약간 어두운 인모가 살짝 드리워져 있다. 성충은 5월 초에서 8월에 걸쳐 나타나는데 찔레나무, 보리수나무, 나무딸기 등의 꽃에 잘 모인다.
  우리나라 전역과 제주도에 분포하며 일본, 중국 북부, 몽고, 시베리아, 사할린, 만주, 유럽 등지에도 널리 분포하고 있다.

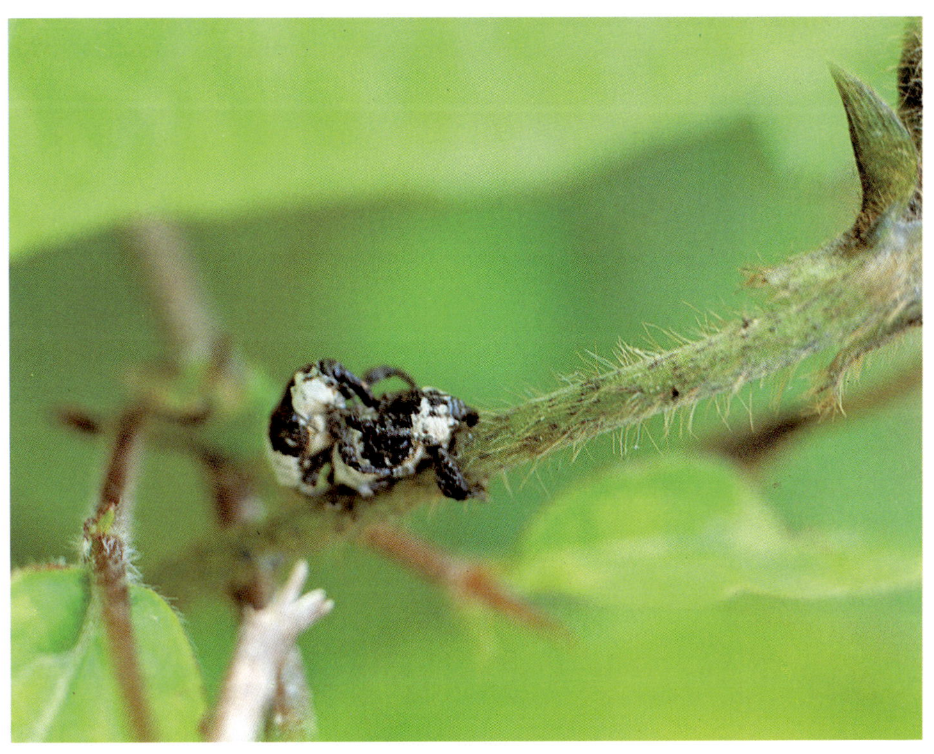

배자바구미 *Mesalcidodes trifidus* PASCOE

몸 길이가 10밀리미터 안팎인데 검정과 흰 무늬가 흡사 팬더곰을 연상시키게 한다. 입은 굵게 ㄱ자형으로 굽어 있어서 칡줄기에 홈을 파고, 구부러진 입 부리로 줄기의 속을 파서 먹는다. 다리는 흑색으로 마디는 짧으나 오동통하며 특히 허벅다리마디는 굵게 되어 있다.

성충은 5월 초에서 10월에 걸쳐 나타나는데 주로 칡넝쿨 주변에서 생활하며, 구부러진 입으로 칡줄기에 상처를 내어 1.3밀리미터 가량의 흰 타원형 알을 낳는다. 부화된 애벌레는 칡줄기의 혹에서 자라게 되며 혹 속에서 번데기를 거쳐 9월경에 성충이 되어 월동을 한 뒤 이듬해 봄에 나타난다.

우리나라 전역과 일본, 대만, 중국 등지에 분포하고 있다.

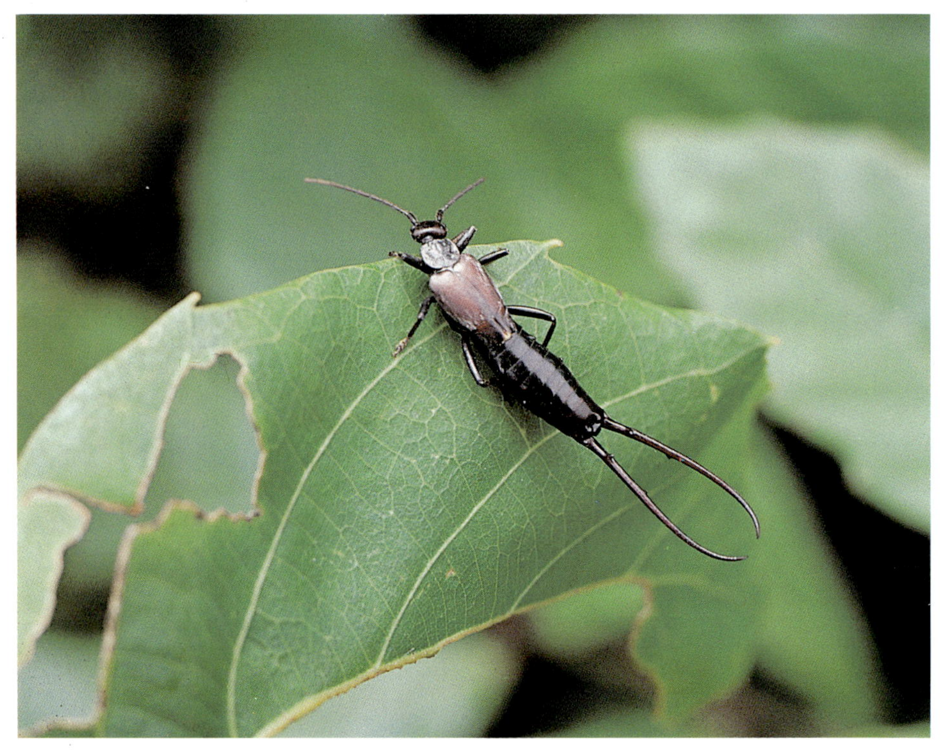

고마로브집게벌레 *Timomenus komarovi* SEMENOFF

우리나라의 집게벌레 무리 가운데 가장 긴 미모(尾毛) 곧 집게를 가지고 있는 종이다. 성충은 짧은 날개를 가지고 있는데 앞날개는 시맥이 없고 뒷날개는 둥글며 방사상의 시맥을 갖고 있다. 주로 야행성이며 낮에는 나무 껍질이나 틈새에 숨어 있다. 동물질이나 썩은 유기 물질을 주로 먹으며 가끔 어린 식물의 새순이나 꽃가루 등도 섭취한다.

알은 땅 속의 굴 안에서 산란하는데 부화할 때까지 암컷이 조심스럽게 보호하는 모성애가 극진한 곤충이다.

우리나라가 기산지(基産地)로 알려져 있다.

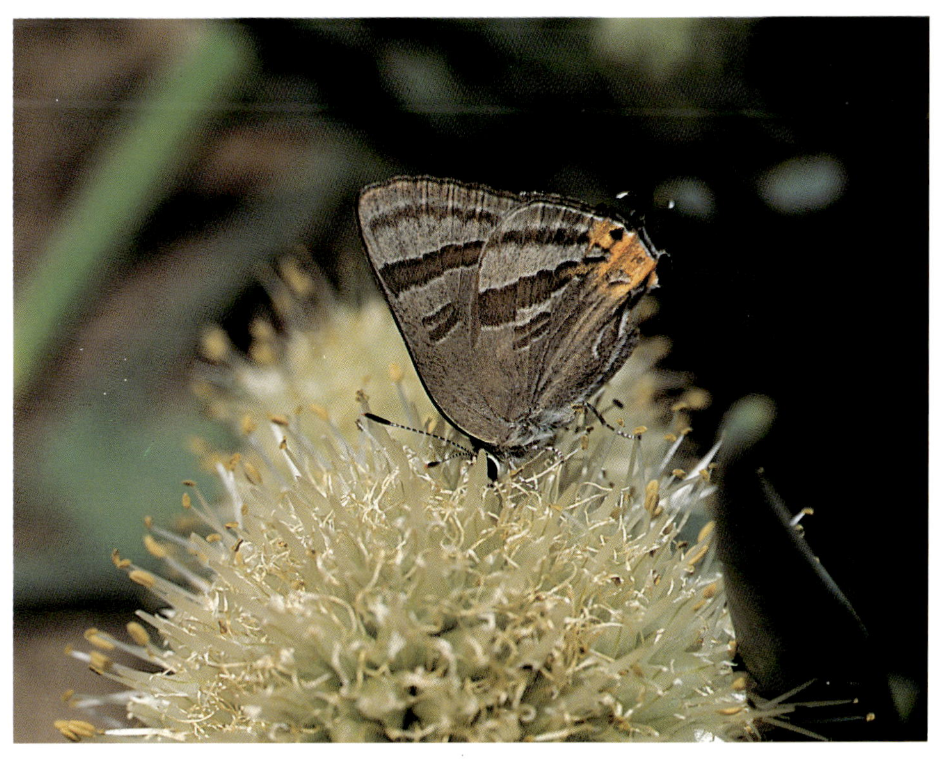

범부전나비 *Rapala caerulea* BREMER ET GREY

날개 뒷면의 무늬가 범의 무늬를 닮은 점에서 그 이름이 유래되었는데 암컷에 비하여
수컷 무늬가 보라색이 강하다. 들판이나 산림의 숲 가장자리에서 많이 볼 수 있으며
유충은 아카시아의 잎을 먹는다. 연 2회 발생되는데 봄형은 4월 말부터 6월까지 나타
나며 여름형은 7월에서 9월까지 볼 수 있다. 여름형이 봄형보다 개체수가 적으며,
날개의 안쪽 바탕색도 여름형이 봄형에 비해 황색이 강하다.
우리나라 전역과 중국의 동북부, 아무르 등지에 분포하고 있다.

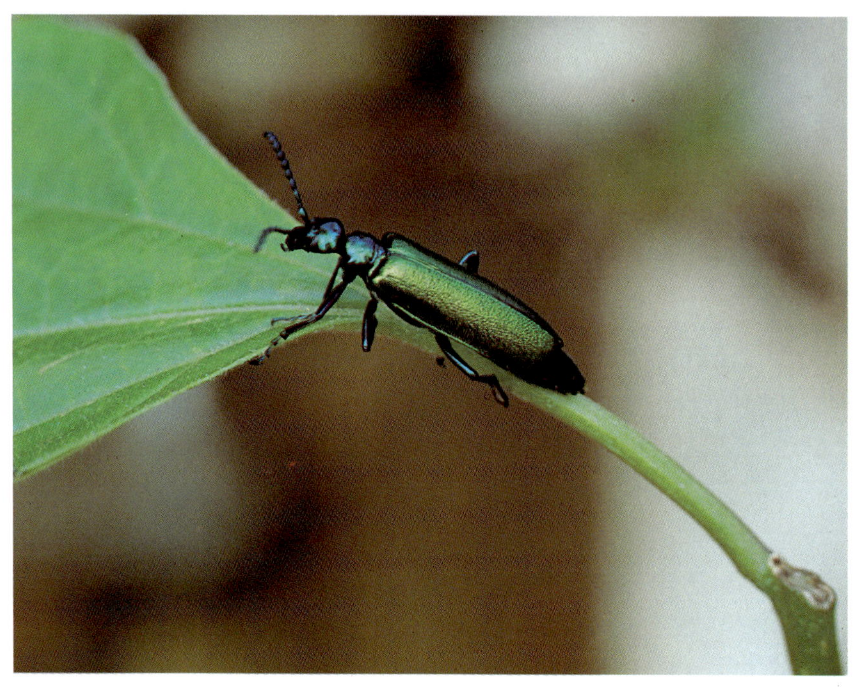

청가뢰 *Lytta caraganae* PALLAS
　몸 길이는 20 내지 22밀리미터 정도인데 날개와 다리를 포함해서 몸 전체가 연두색
을 띤 금속 광택으로 드리워져 있다.
　성충은 5월에서 7월에 걸쳐 나타나며 주로 풀줄기나 나뭇잎 위에서 생활한다. 몸
안에 독성 물질이 있어 적으로부터 기피 현상을 받는다. 이 종을 포함한 가뢰과의
무리들은 최근 그 수가 눈에 띄게 줄어드는 경향을 보이고 있다.

여름의 곤충

대자연은 푸르름을 더해가고 밤에 비해 낮의 길이가 더 긴 여름에는 이제까지 눈에 잘 안 띄던 수많은 곤충들이 새로운 모습으로 여기저기 나타난다.

고운 맵시를 한 밀잠자리, 장수잠자리, 깃동잠자리 등이 가뿐한 모습을 드러내고 날아다니며, 숲의 구석진 여러 곳에서는 긴꼬리쌕새기, 반날개여치 등 풀벌레들이 서서히 움직이기 시작한다. 아름드리 참나무와 상수리나무 등이 나무진을 내뿜게 되면 풍뎅이, 하늘소, 사슴벌레 등은 머리를 처박고 삼삼오오 모여든다.

숲이나 들에서는 나비들의 수도 훨씬 많아지며, 그 빛깔의 화려함이나 날개의 크기가 봄철의 나비에 비할 바가 아니다. 대체로 여름철에 성충이 되는 나비는 애벌레 시기에 풍부한 먹이를 섭취하여 같은 종이라 하더라도 봄형에 비해 크고 화려하다.

장마가 지나고 무더위가 시작되면 여러 종류의 매미들이 이 나무, 저 나무에서 한껏 목청을 돋운다. 그러나 이러한 매미도 예년에 비해 그 종류나 수가 차츰 줄고 있어 안타까운 실정이다. 밤이 되면 이따금씩 불을 반짝이는 반딧불이 여름 밤을 아름답게 수놓는다. 또한 산과 들에는 노린재 무리, 메뚜기 무리, 꽃등에 무리, 밑드리 무리, 나방 무리 등이 제각기 자신들의 모습을 뽐내고 있다.

우리나라와 같이 사계절이 뚜렷한 온대 지방에서는 특히 여름철이 곤충들에게 있어서는 가장 활동하기 좋은 시기이다. 생태계 안에서의 먹이 사슬 여건으로 볼 때 가장 좋은 조건이 갖추어진 계절이며, 자신의 몸을 숨기거나 보호받기에도 적합한 계절이기 때문이다. 그러나 멧노랑나비 등 일부 곤충들은 더위를 피해 잠시 휴면기에 들어가기도 한다. 성충으로 오랜 기간을 활동해야 하는 곤충들에게 있어서 더운 계절의 에너지 낭비가 큰 고통거리이기 때문이다.

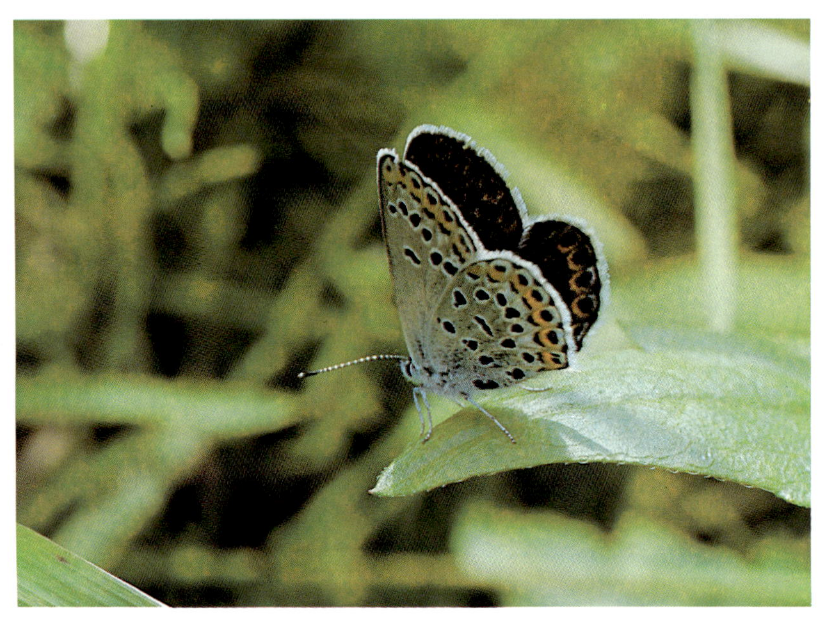

부전나비 *Lycaeides argyronomon* BERGSTRAESSER
　　5월에서 10월에 걸쳐 연 2, 3회 발생된다. 수컷의 날개 표면은 청자색 바탕에 가장자리는 검정색으로 가늘게 테가 둘러져 있다. 암컷은 표면이 흑갈색 바탕인데 뒷날개의 표면은 가장자리를 따라 큰 고리 모양으로 된 주황색 무늬가 줄지어 있다. 산꼬마부전나비(*Plebejus argus* L.)와 비슷하여 많이 혼동되어 왔다. 양지바른 논밭 주변에서 많이 살고 있으며 우리나라 전역에 널리 분포되고 있다.

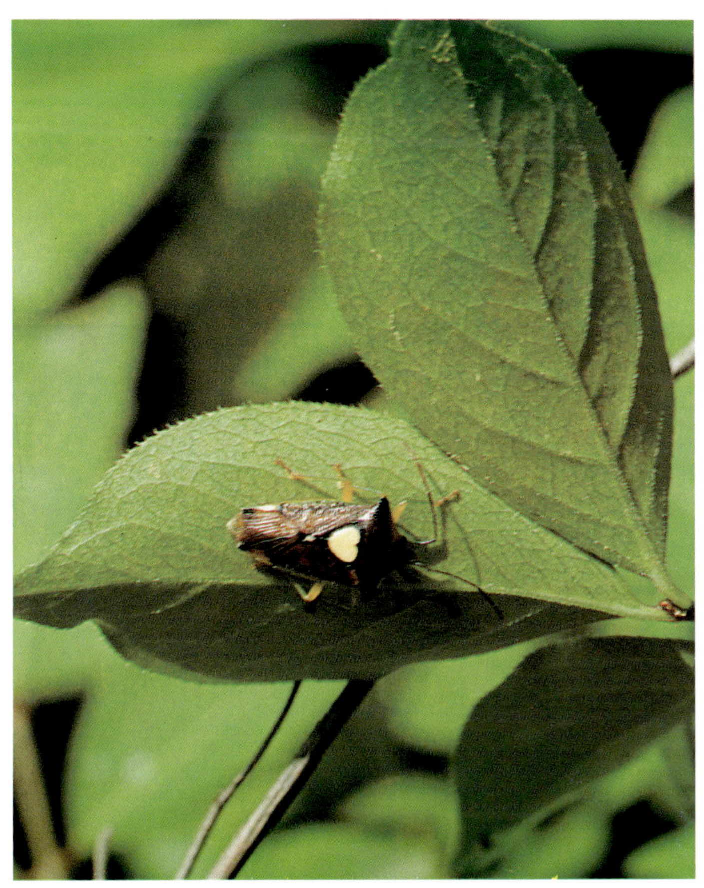

에사키뿔노린재 *Sastragala esakii* HASEGAWA

앞가슴 뒤쪽으로 절반은 적갈색이고 옆 모서리는 흑색을 띠고 있다. 가슴과 복부의
결합부인 작은방패판에는 오렌지색의 크고 특이한 염통(heart) 모양의 무늬가 아름답
게 나 있다.

주로 층층나무, 검양옻나무 등에서 많이 발견된다. 이 노린재는 모성애가 지극하여
산란을 마친 어미는 알 곁을 떠나지 않는다. 이때 개미와 같은 천적이 접근하면 자신
의 몸으로 이들을 방어하며 상황이 아주 불리할 때는 날개를 펄럭이며 침입자들을
쫓아낸다. 이러한 모성애는 알이 부화된 뒤 어린 새끼 세대까지 계속된다.

참밑드리 *Panorpa coreana* OKAMOTO

수컷이 배 끝에 위쪽으로 들린 생식 보조기를 갖고 있어 붙여진 이름인데 마치 전갈의 배와 같은 모양을 하고 있어서 'scorpionflies'라고도 부른다. 주로 햇빛이 비치지 않는 어두운 숲을 좋아하며 성충은 작은 곤충류를 먹지만 화분, 꽃잎, 당밀, 연한 열매, 이끼류 등도 기호 식품으로 섭취한다. 유충은 나비류의 유충과 비슷한 모습을 하고 있으며 이끼, 부식 물질, 썩은 나무 속의 유기물 등을 먹고 살며 땅 속에서 번데기를 만든다.

성충은 몸도 연약하고 생활 습성도 나약하여 앞으로 이들 무리들은 자연 생태계에서 서서히 도태될 전망이다.

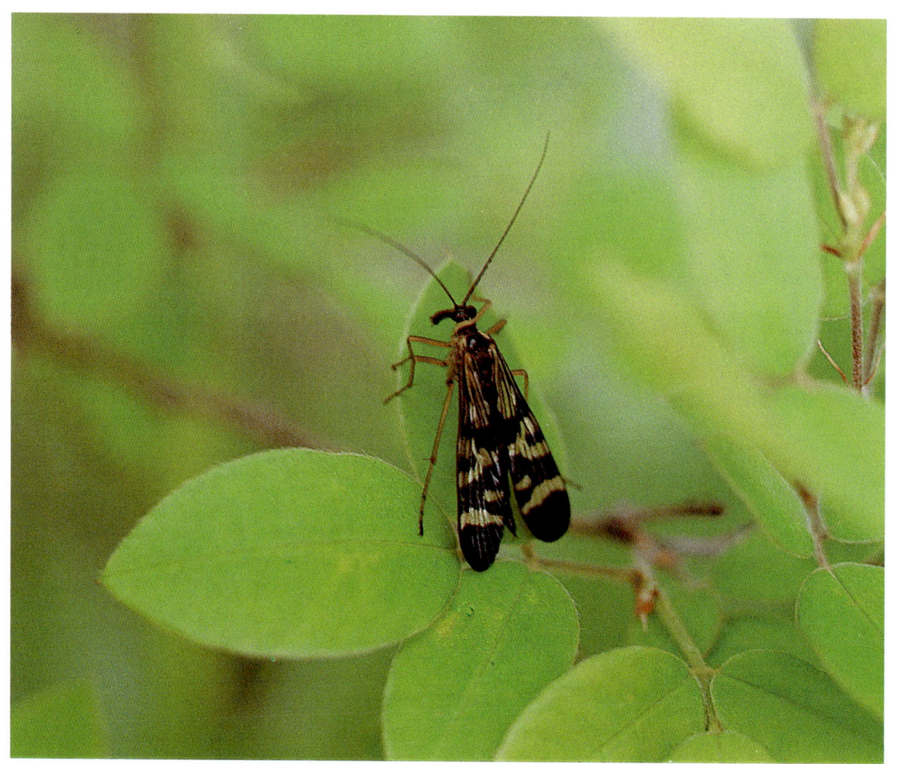

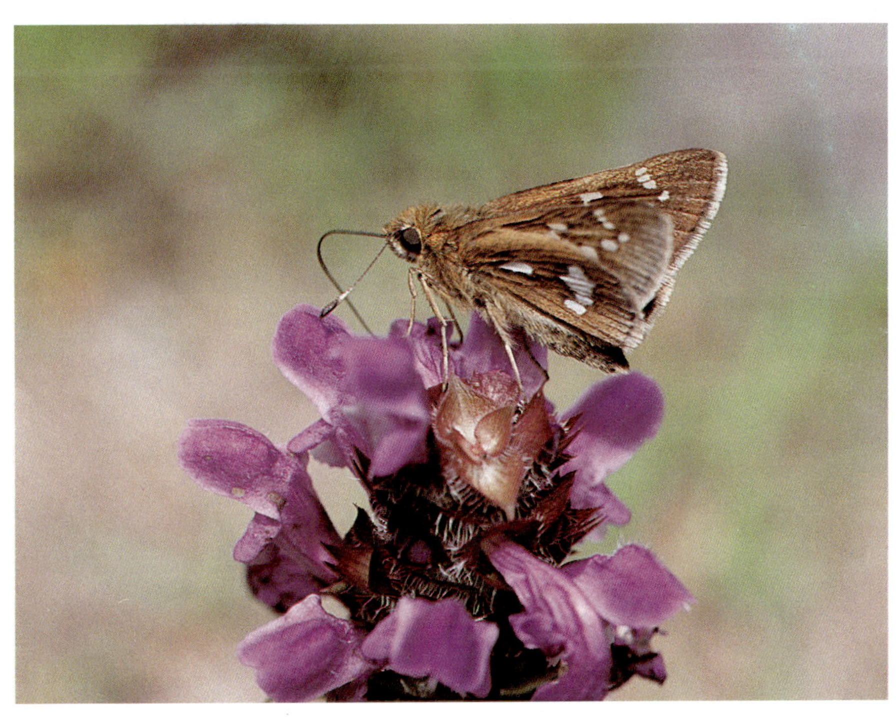

산줄점팔랑나비 *Pelopidas jansonis* BUTLER

　성충은 4월에서 9월까지 연 2회 출현된다. 암컷은 수컷에 비해 약간 크고 날개의 폭이 넓으며 앞날개 표면의 흰 무늬가 크다. 햇빛이 잘 드는 숲이나 야산의 들판에서 볼 수 있다. 날개 모양이나 성충의 습성이 줄점팔랑나비(*Parnara guttata* B. G.)와 비슷하나 산줄점팔랑나비는 뒷날개의 아랫면 중실 부근에 흰색의 점무늬가 있다. 우리나라 전역과 중국의 동북부, 일본 등지에 분포하고 있다.

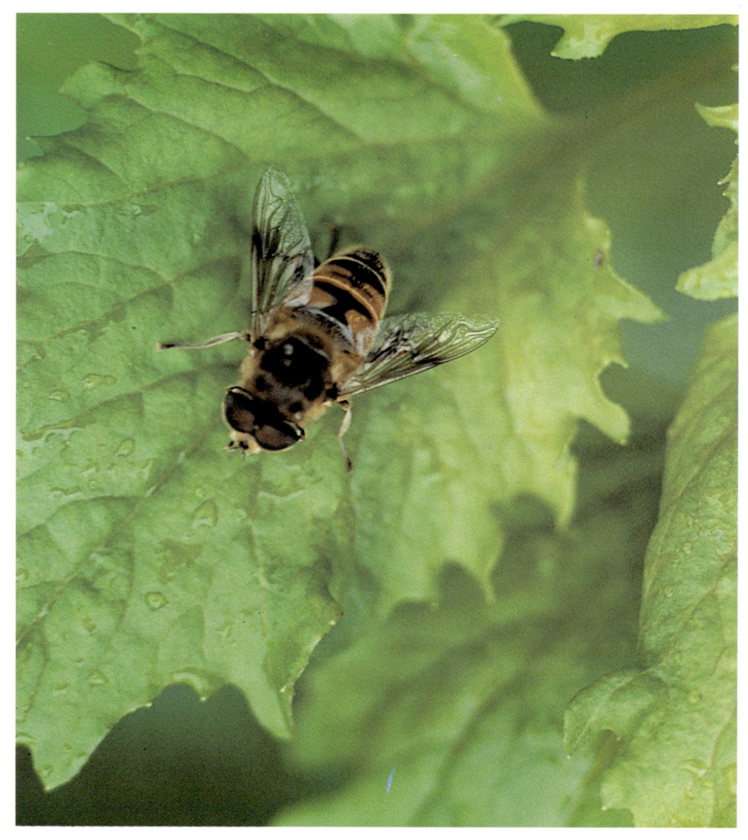

꽃등에 *Eristalomyia tenax* LINNAEUS

많은 꽃등에 무리가 그렇듯이 이 종도 꽃을 즐겨 찾으므로 벌과 함께 섞여 있으면 쉽게 구분하기 힘들 정도이다.

성충의 모습과는 달리 유충은 물 속에서 구더기 모양을 하고 썩은 유기물을 먹고 산다. 오염된 물이나 더러운 습지에서 유충 시기를 보낸 이들은 짧은 번데기 시기를 거쳐 우아한 자태의 성충으로 변신하는 것이다. 성충은 이꽃 저꽃을 뒤지면서 파리 특유의 끈적거리는 주둥이로 꽃가루를 핥기 때문에 저절로 꽃가루받이가 되어 식물이 결실을 맺게 해준다.

4월에서 10월에 걸쳐 우리나라 전역에서 나타나고 있다.

유리창떠들석팔랑나비 *Ochlodes subhyalina* BREMER ET GREY

성충은 6월 중순에서 8월까지 연 1회 발생된다. 앞날개의 중실 바깥쪽에 반투명한 점무늬가 있고 양지바른 풀밭에서 떠들썩하게 난다 하여 붙여진 이름이다. 수컷은 앞날개 중실 밑에 검정색의 띠무늬로 된 성징의 표시가 있다.

우리나라 전역에서 매우 흔하게 나타나고 있으나 울릉도에서는 아직 채집 기록이 없다.

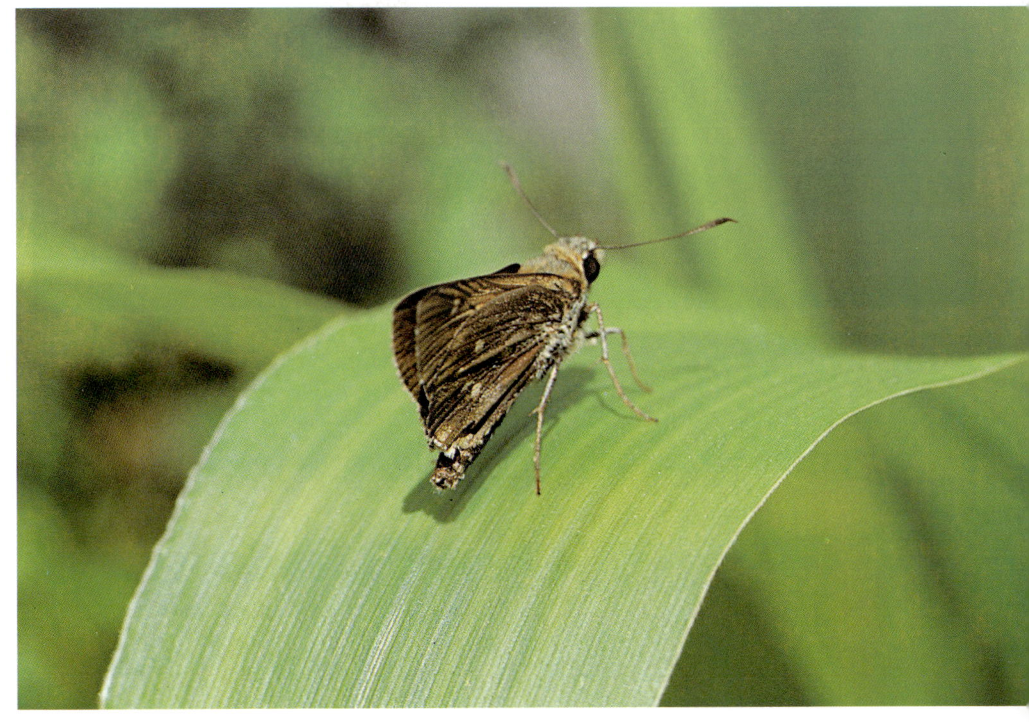

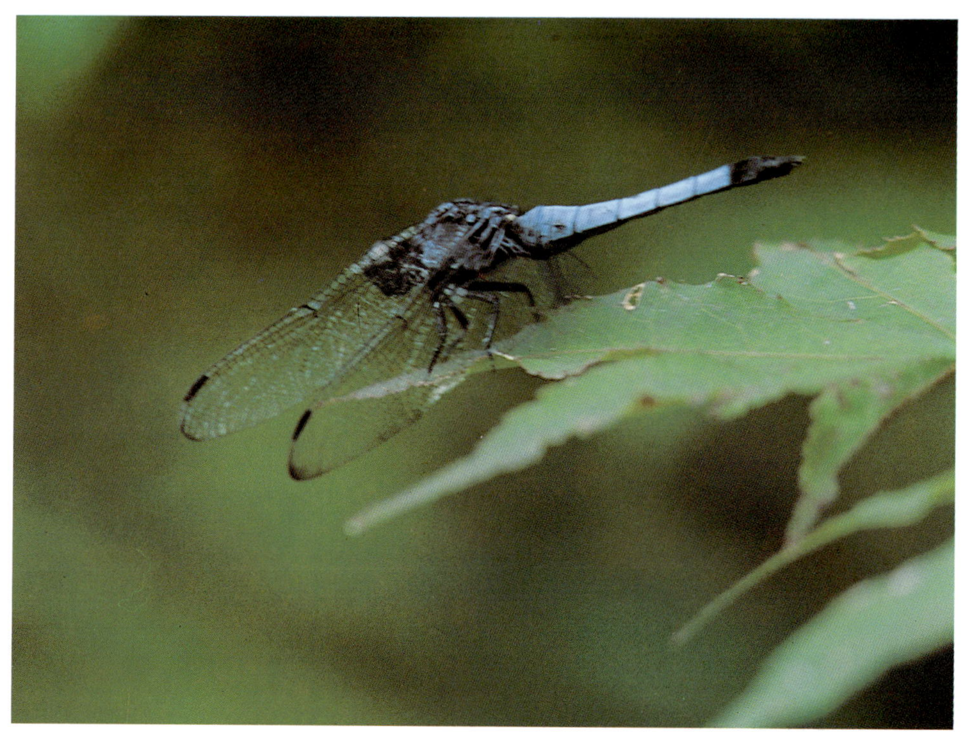

밀잠자리 *Orthetrum albistylum* SELYS

배 길이는 32 내지 40밀리미터, 뒷날개의 길이는 35 내지 45밀리미터 정도이다.
성충은 6월에서 9월에 걸쳐 나타나는데 흔한 종이다. 수컷은 배의 앞쪽으로 절반
정도가 백색을 띠고 있고 뒤쪽으로는 흑색을 띠고 있다. 그러나 암컷은 배가 황갈색
을 띠고 있어 수컷과 대조를 이룬다. 따라서 지역에 따라 시골 아이들은 이 종의 수컷
을 쌀잠자리라 하고 암컷을 보리잠자리라 부르는 경우도 있다.

큰밀잠자리　*Orthetrum triangulare melania*　SELYS

　배 길이는 34 내지 36밀리미터이고, 뒷날개의 길이는 38 내지 40밀리미터이다. 대체적으로 밀잠자리에 비해 몸통이 굵고 강건해 보인다. 몸의 빛깔이 수컷은 회백색을 띠고 있고 암컷은 황갈색 바탕에 흑색 줄무늬가 있다. 날개의 기부에 흑색 무늬가 있는데 앞날개에 비해 뒷날개의 것이 더 크다. 나는 동작도 밀잠자리에 비해 훨씬 민첩하며 지역에 따라서는 이 종의 암컷을 용잠자리라 부르기도 한다.
우리나라 전역과 동남 아시아에 널리 분포되고 있다.

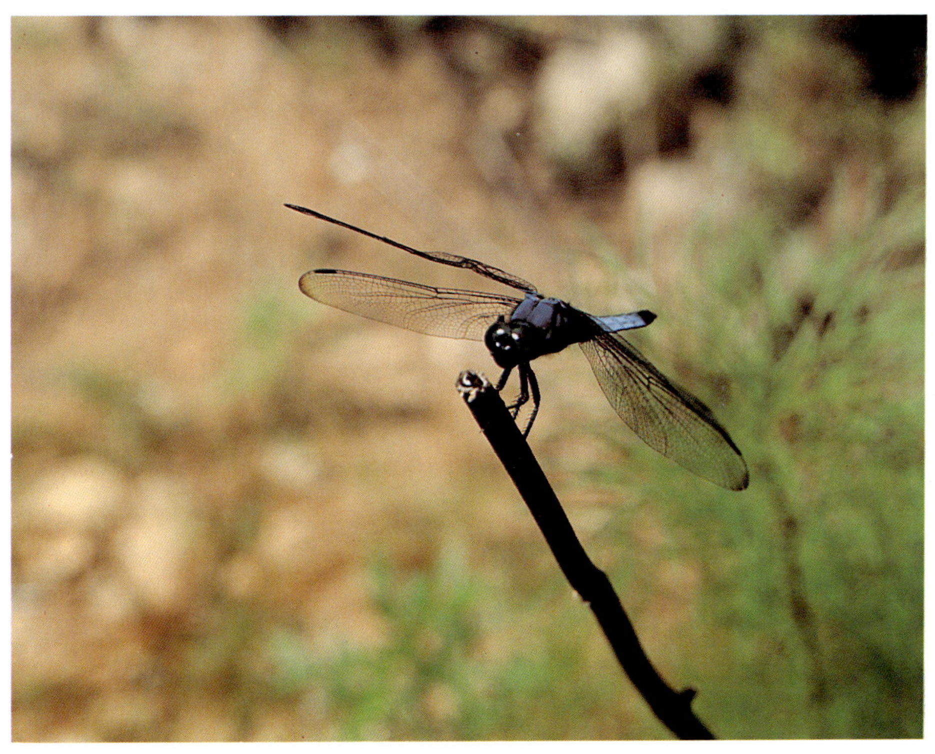

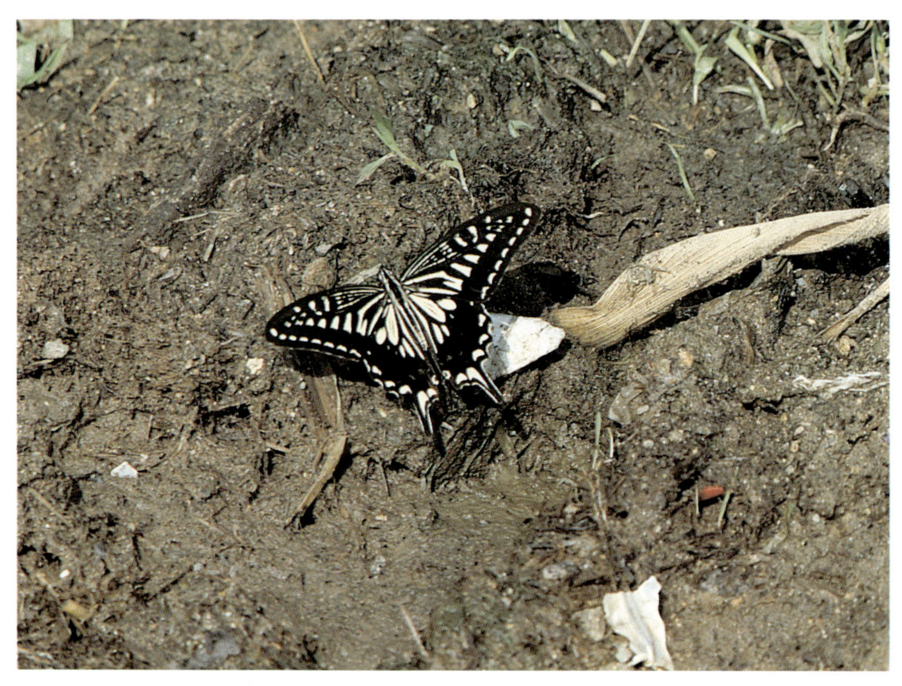

호랑나비　*Papilio xuthus*　LINNAEUS

　성충이 4월에서 10월에 걸쳐 연 3회 나타나고 있다. 월동한 번데기에서 우화한 봄형은 여름형에 비해 작고 무늬가 선명하다. 유충은 탱자나무, 귤나무, 산초나무, 황벽나무, 백선 등 운향과 식물을 먹으며 2, 3령 시기에는 새똥 같은 모양이나 그 뒤에는 녹색을 띠고 있다.
　성충은 평지나 낮은 산지에 많고 엉겅퀴, 백일홍, 나리, 산초나무, 누리장나무 등의 꽃에 잘 모인다. 우리나라 전역에 살며 개체수도 많고 일본, 중국, 아무르, 버마 등에 걸쳐 넓게 분포하고 있다.

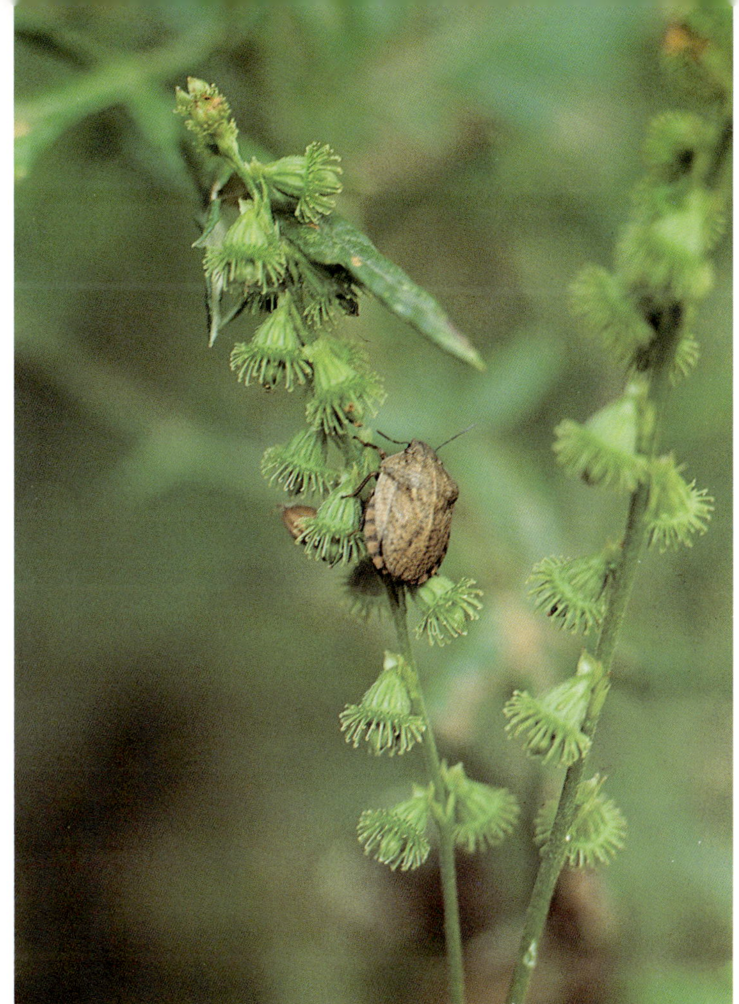

도토리노린재 *Eurygaster sinica* WALKER

몸 길이는 9 내지 11밀리미터 정도인데 등면의 색이 균일하게 연한 갈색에서 진한 갈색으로 흡사 도토리와 비슷한 빛깔과 모습을 하고 있어 붙여진 이름이다. 7월부터 새로운 성충이 나타나는데 여름, 가을에는 억새류의 이삭에 많이 나타난다. 성충으로 월동하여 이듬해 봄까지 나타나는데 이때에는 포아풀과 식물 등의 잡초에 흔하다. 우리나라 전역에 분포하며 일본과 중국 본토에도 분포되고 있다.

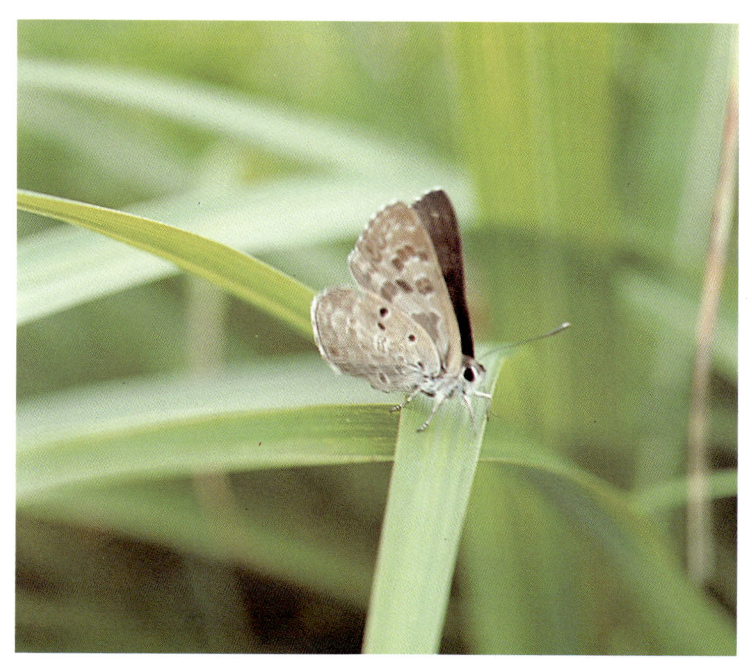

담흑부전나비 *Niphanda fusca* BREMER ET GREY
성충은 6월 말에서 8월에 걸쳐 연 1회 나타난다. 주로 잡목이 듬성듬성 우거진 활엽
수림에서 살며 수컷은 세력권을 이루고 있어 침입한 다른 나비를 쫓아낸다. 유충은
개미와 공생 습성이 있어 개미의 집에서 자라게 된다. 곧 개미로부터 먹이를 얻어
먹고 자라는데 이때에 이들의 배설물을 개미들이 핥아 먹게 된다.
우리나라 전역과 일본,중국에 분포되고 있다.

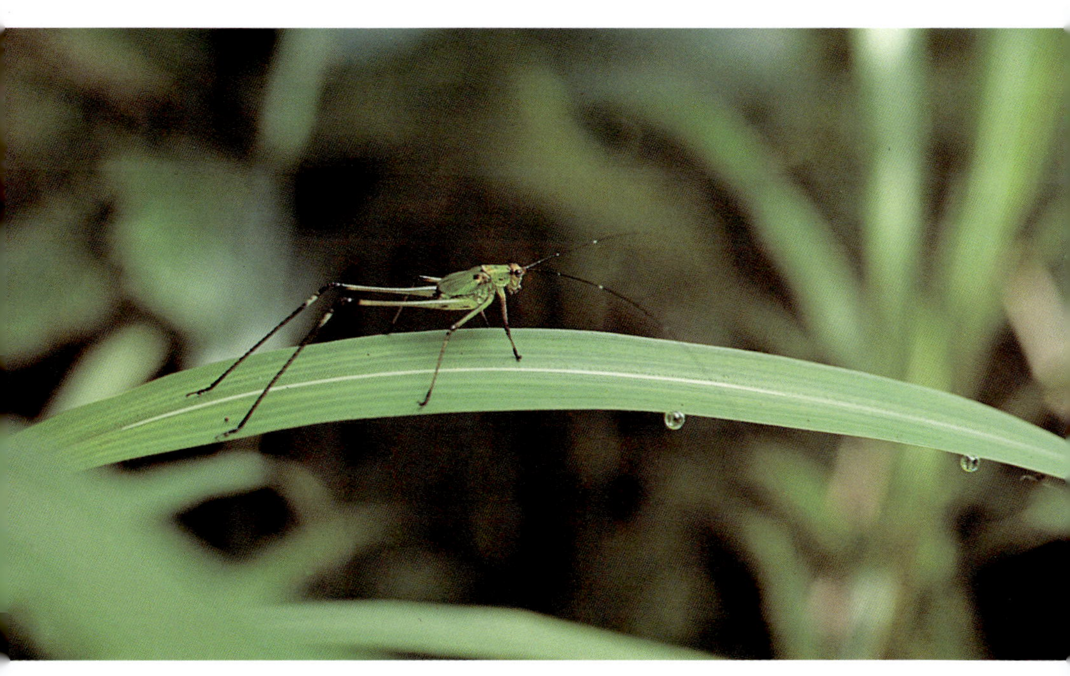

긴꼬리쌕새기 *Conocephalus gladiatus* REDTENBACHER
　몸 길이는 23 내지 25밀리미터 정도인데 더듬이가 몸 길이의 3배 정도로 매우 길다. 성충은 7월에서 8월에 걸쳐 나타나는데 주로 햇볕이 잘 드는 들판이나 숲의 가장자리 등에 많다. 알의 상태로 월동을 하며 5월에 부화된 유충은 식물의 어린순이나 꽃가루 또는 작은 곤충 등을 먹고 자란다.
　우리나라 전역과 일본, 구북구의 동부 지역에 널리 분포되고 있다.

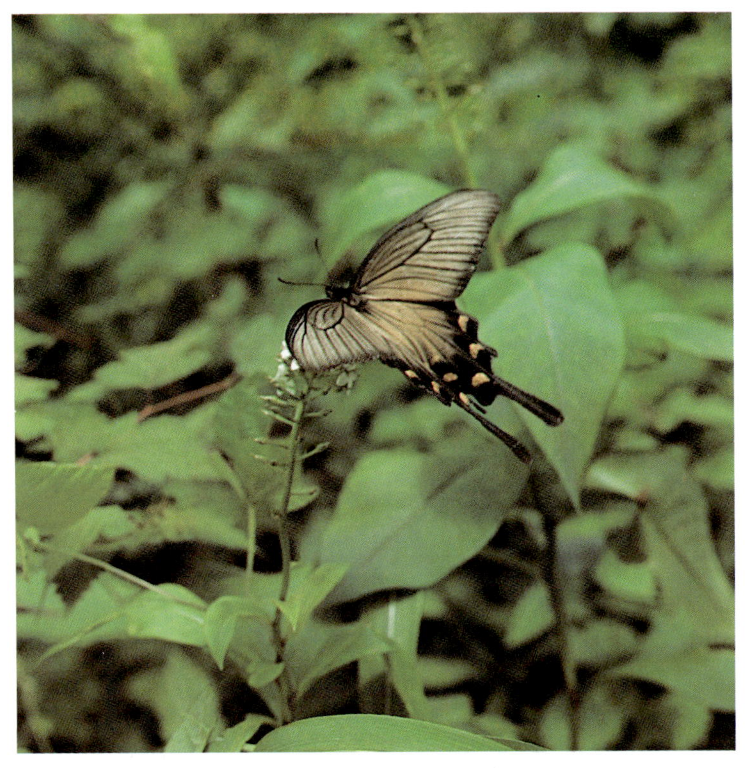

사향제비나비 *Atrophanerra alcinous* KLUG

성충은 5월에서 8월에 걸쳐 연 2회 발생된다. 수컷은 날개의 표면이 검고 약간의 광택이 있으나 암컷은 날개의 표면이 황갈색으로 광택이 없다. 긴꼬리제비나비와 비슷하나 가슴, 배의 양옆에 붉은 털이 나 있어 쉽게 구별된다.

성충 수컷의 경우 몸에서 일종의 향기를 내므로 사향이라는 이름이 붙여졌다. 평지나 산기슭에 많이 살며 쉬땅나무, 누리장나무, 얇은잎고광나무, 신나무 등의 꽃에서 꿀을 즐겨 빤다. 유충은 귀방울덩굴의 잎을 먹고 자란다.

우리나라 전역과 일본, 중국, 대만 등지에 분포한다.

노란줄점하늘소 *Epiglenea comes* BATES

몸 길이는 8 내지 11밀리미터이며 성충은 5월에서 7월에 걸쳐 연 1회 나타난다. 몸은 검정색 바탕에 세로로 노란 줄무늬와 점이 있다. 유충은 호두나무를 갉아 먹는데 성충도 이들 나무의 고사목(枯死木) 주변에서 가끔 발견된다. 우리나라의 중남부 지역과 일본, 대만, 중국의 동부 지역 등에 분포하고 있다.

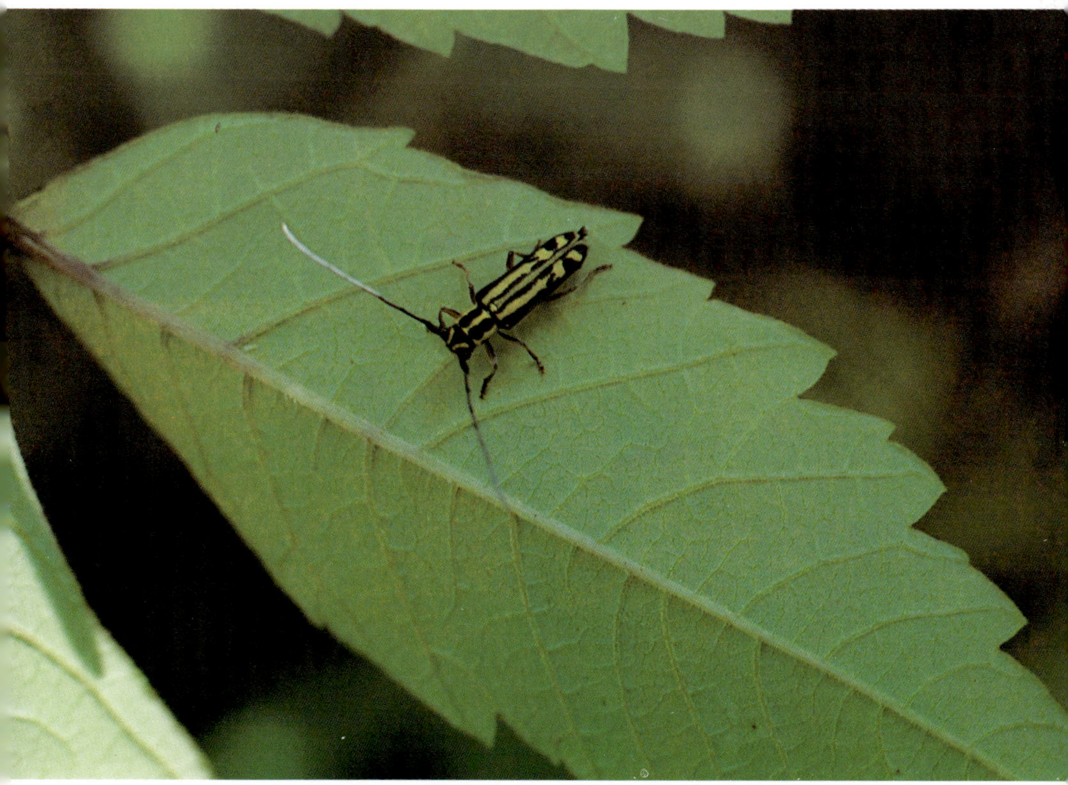

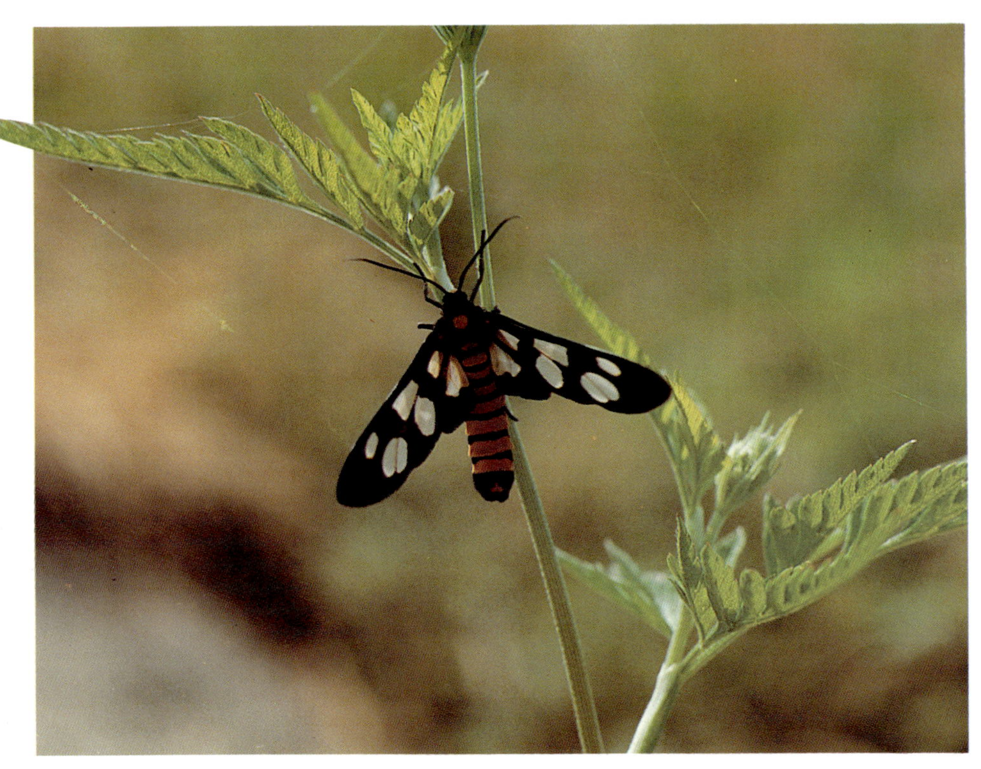

노랑애기나방 *Amata germana*   C. ET R. FELDER
  앞날개의 길이는 15 내지 19밀리미터 정도이다. 날개는 흑색 바탕인데 앞날개에
5개의 투명한 큰 무늬가 있으며 뒷날개의 중앙에도 1개의 큰 투명한 무늬가 있다.
머리는 흑색이고 가슴과 배는 등황색이다.
  성충은 7, 8월에 걸쳐 연 1회 나타나는데 주로 낮에 활동하며 꽃에도 잘 모인다.
  우리나라 전역과 일본, 중국, 아무르, 대만 등지에 분포한다.

밑드리메뚜기 *Podisma sapporensis* SHIRAKI

몸 길이가 수컷은 22 내지 25밀리미터, 암컷은 28 내지 32킬로미터 정도이다. 날개
는 퇴화되어서 성충이 되어도 흔적만 남아 있으며, 몸은 전체적으로 녹색을 띠고
있다. 수컷은 배의 끝쪽 곧 밑이 위로 들려 있다 하여 붙여진 이름이다.
성충은 7월에서 9월에 걸쳐 연 1회 나타나는데 주로 야산이나 산림의 가장자리에서
많이 볼 수 있다.
우리나라 전역과 일본에 분포되고 있다.

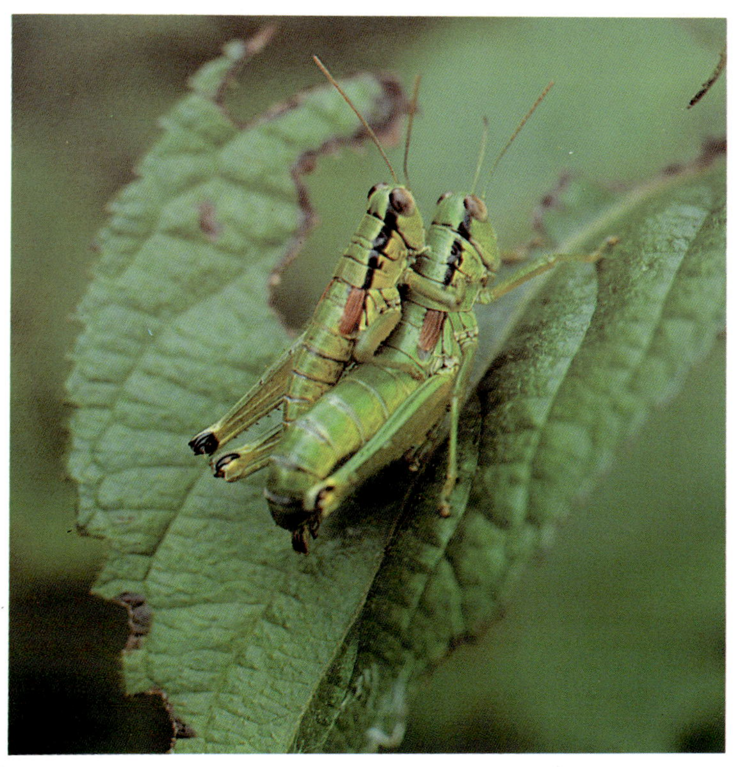

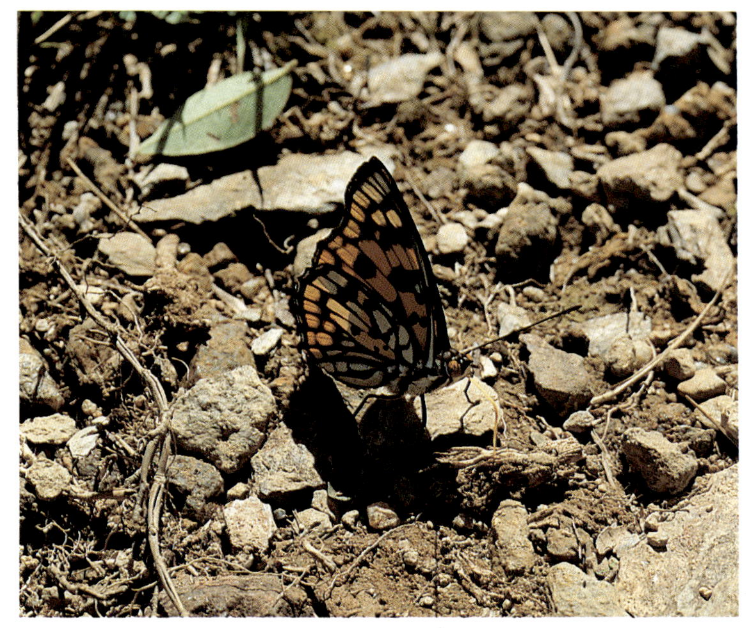

대왕나비 *Sephisa princeps* FIXSEN

성충은 7월 초에서 말까지 연 1회 나타난다. 수컷은 암컷에 비해 크기가 작고 날개는 검은색 바탕에 적등색 무늬가 있으나 암컷은 검은색 바탕에 백색 무늬가 있다. 활엽 수림에서 살며 대단히 민첩하게 날아다니고, 나무진이나 동물의 배설물에 잘 모이며 수컷은 점유 활동이 강하다. 유충은 굴참나무의 잎을 먹고 산다. 부속 섬을 제외한 우리나라 전역에 분포하며 중국의 동북부 지역과 연해주 지방에도 분포한다.

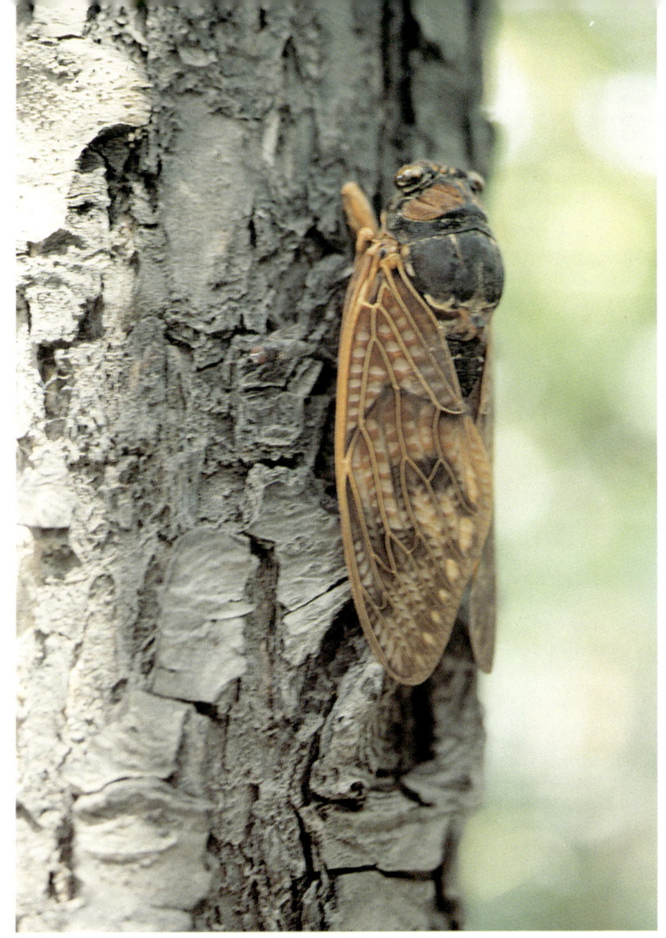

유지매미 *Graptapsoltria nigrofuscata* MOTSCHULSKY

몸의 길이는 30 내지 32밀리미터, 앞날개 길이는 44 내지 46밀리미터 정도이다.
날개가 황갈색을 띤 것이 흡사 기름을 먹인 종이와 같다 하여 붙여진 이름이다.
성충은 7월에서 8월에 걸쳐 연 1회 나타나는데 유충은 땅 속에서 거의 5년을 경과한
뒤 바깥으로 기어나와 나무줄기에서 우화한다. 주로 오후 해질녘에 잘 울며 수컷만이
발음 기관이 있어 울음소리를 낸다. 유충에 의한 피해 식물로는 배나무, 복숭아나
무, 감나무, 포도나무, 삼나무 등이 있다. 주로 마을 근처나 야산에서 사는데 근래에
와서는 그 수가 현저히 줄어들었다.
우리나라 전역과 일본, 중국, 만주 등에 분포하고 있다.

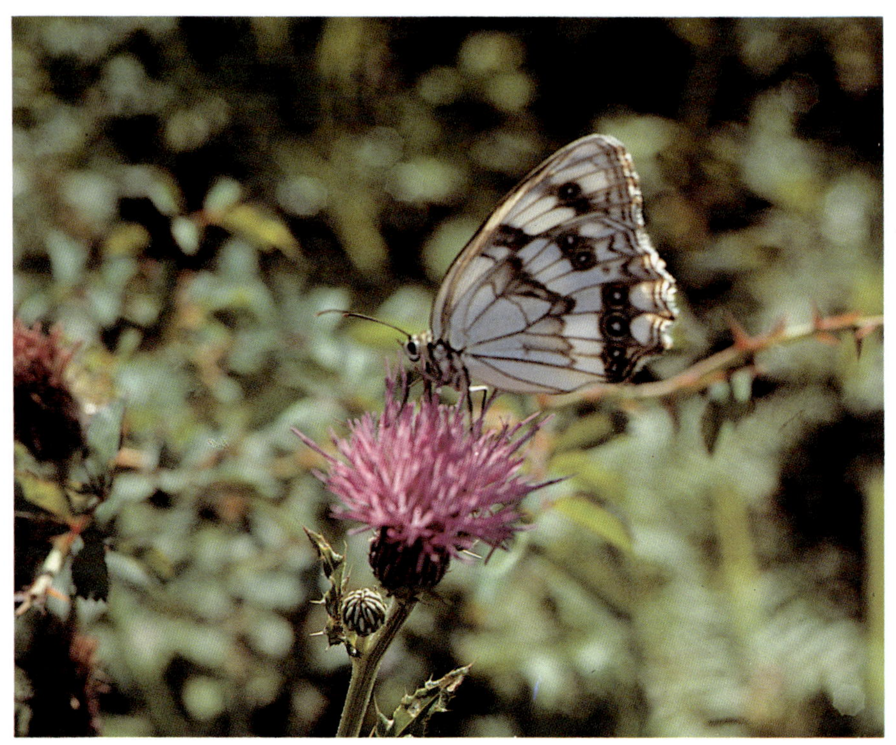

조흰뱀눈나비   *Melanargia epimede*   STAUDINGER

성충은 5월에서 9월에 걸쳐 연 1회 나타된다. 이 나비 이름의 머리 글자 '조'는 우리 나라 나비 연구에 큰 업적을 남긴 고(故) 조복성 박사의 성을 딴 것이다. 흰뱀눈나비 와 비슷하여 혼동하기 쉬우나 앞날개 윗면 제1 b실과 제2실에 있는 바깥쪽 흰 무늬 가 가로로 길고 가장자리 쪽으로 갈수록 가늘어지며 끝은 곡선으로 되어 있는 점, 앞날개의 뒷가장자리를 따라 있는 검정색 무늬가 제1 a실에서 경계가 선명한 점 등으로 구별된다. 풀밭이나 숲 가장자리, 산꼭대기의 풀밭 등에서 살며 아주 천천히 낮게 날아다닌다. 유충은 참억새의 잎을 먹고 살며, 성충은 엉겅퀴, 싸리, 곰취, 귀손 이풀 등의 꽃에서 꿀을 즐겨 빤다.
우리나라 전역과 아무르, 중국 등지에 분포한다.

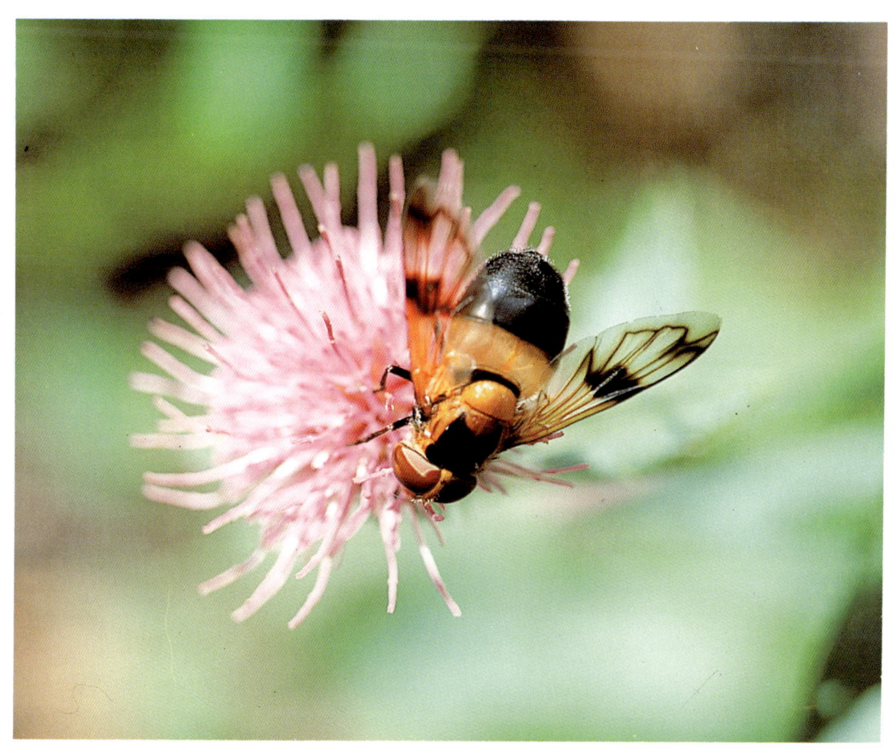

어리대모꽃등에 *Volucella tabanoides* MOTSCHULSKY

　몸 길이는 16 내지 18밀리미터 정도이다. 몸은 크고 광택이 있는 흑색인데 검정대모
꽃등에와 비슷하여 혼동하기 쉽다. 암컷은 머리의 겹눈 사이가 앞면이 오렌지색이고
수컷에서는 약간 폭이 넓은 편이다. 배의 제2배마디는 연한 황색 또는 연한 오렌지색
이고 뒤로 절반은 별로 검지 않다. 성충은 5월에서 8월에 걸쳐 나타나는데 들판이나
숲의 꽃에 많이 모인다.

　우리나라 전역과 일본, 중국, 사할린, 시베리아 등지에 분포하고 있다.

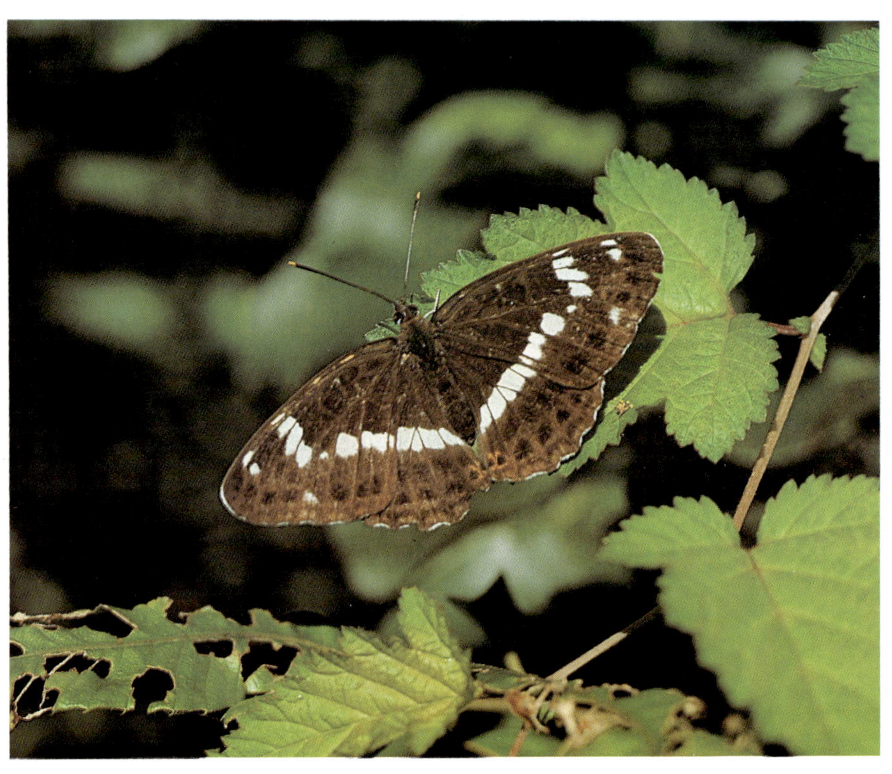

줄나비 *Limenitis camilla* LINNAEUS

  성충은 5월 말에서 10월 초까지 연 2, 3회 나타난다. 암컷은 수컷에 비하여 날개
모양이 둥그스름한 편이며 무늬에 의한 암수의 차이는 많지 않다. 들판이나 숲 어디
서나 볼 수 있고 수목 사이의 풀밭 등에서도 많이 나타나지만 양지바른 곳을 좋아하
여 산초나무 등의 꽃을 즐겨 찾는다. 습지나 동물의 배설물 등에도 가끔 찾아드나
나무의 수액에는 거의 오지 않는다.
  우리나라 전역과 일본, 중국에서부터 유럽까지 넓게 분포되고 있다.

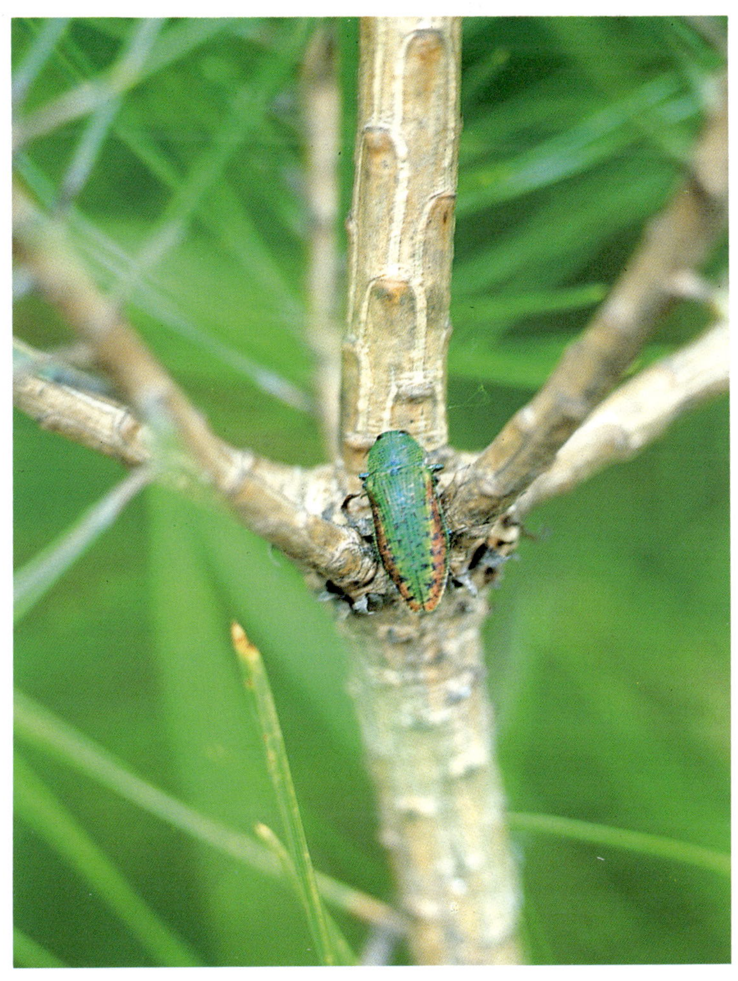

금테비단벌레 *Scintillatrix bellula* LEWIS

몸 길이는 8 내지 13밀리미터 정도인데 몸의 크기에 비해 더듬이가 짧은 편이다. 몸은 녹색의 광택이 나는데 가슴의 등면과 앞날개의 가장자리에 적등색의 금속 광택이 테두리져 있다.

성충은 7월에서 8월에 걸쳐 나타나는데 유충은 수목의 목질부를 가해하는 해충이다. 대단히 빛깔이 아름다워 옛날에는 공예품의 재료로도 사용된 적이 있다.

우리나라 전역과 일본, 중국, 만주, 시베리아 등지에도 분포하고 있다.

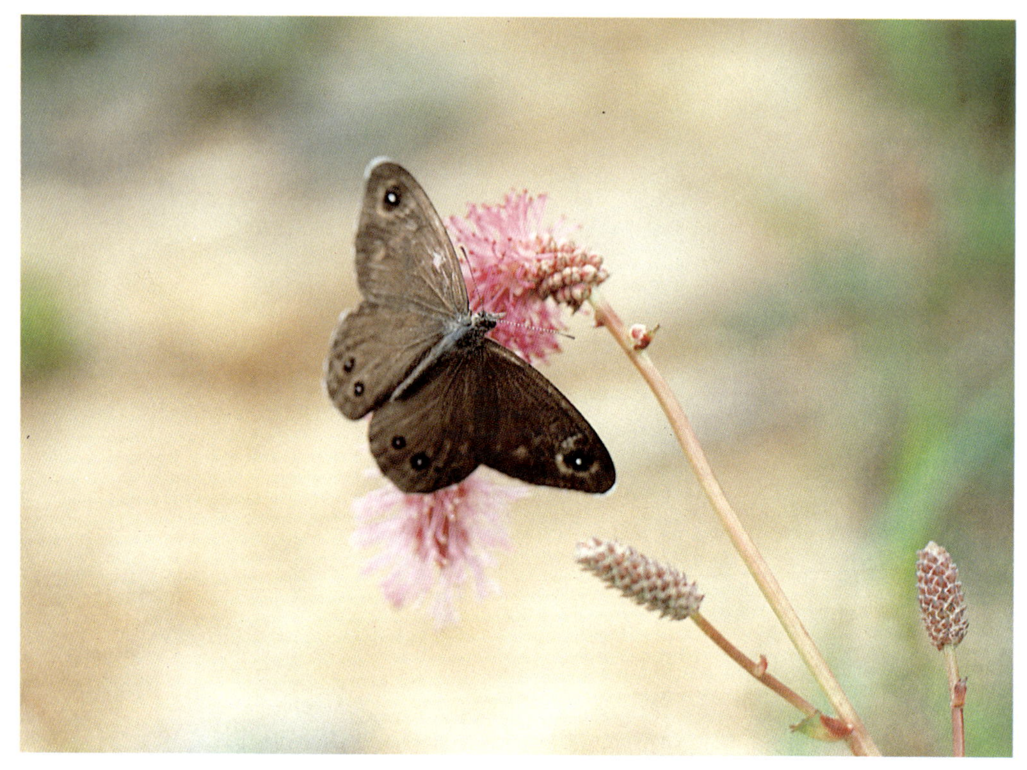

뱀눈그늘나비 *Lasiommata deidamia* EVERSMANN

성충은 5월에서 10월까지 연 2, 3회 나타난다. 수컷은 앞날개 윗면의 흰 무늬가 작고 희미하나 암컷은 크고 뚜렷하다. 암컷은 수컷에 비하여 바탕색이 연하고 날개 모양도 약간 둥그스름하다. 햇볕을 싫어하여 어두운 계곡 사이나 나무 그늘, 숲 등에서 천천히 날아다닌다. 꽃을 좋아하여 꿀도 즐겨 빤다.
울릉도를 제외한 우리나라 전역에 분포하며 일본, 중국의 동북부 지역에서 우랄산맥까지 널리 분포한다.

홍줄노린재 *Graphosoma rubrolineatum* WESTWOOD

몸 길이는 9 내지 12밀리미터인데 몸의 등면이 흑색 바탕에 아름다운 적색의 세로
줄무늬가 있어 쉽게 다른 종과 구별된다. 이 줄무늬는 색의 진한 정도에 따라 변화가
심하여 지역에 따른 변이 현상이 나타나고 있다. 특히 격리된 도서 지방에서 그 변이
가 뚜렷이 나타나고 있다.

성충은 6월에서 8월에 걸쳐 나타나며 유충은 미나리과 식물에 기생한다. 특히 미나리
과 식물의 꽃이나 종자에 많이 모이는데 때로는 인삼의 종자를 해치는 수도 있다.

우리나라 전역과 일본, 중국, 만주, 동부 시베리아 등지에 분포되고 있다.

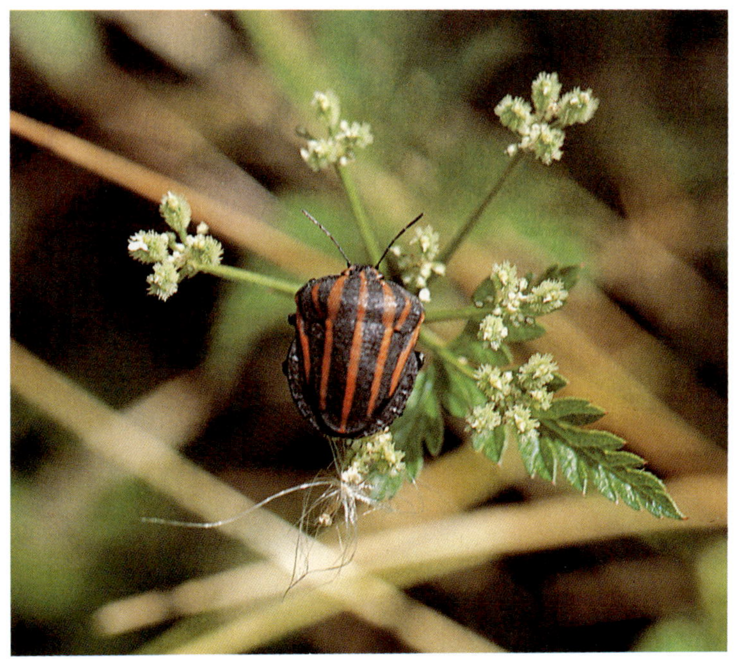

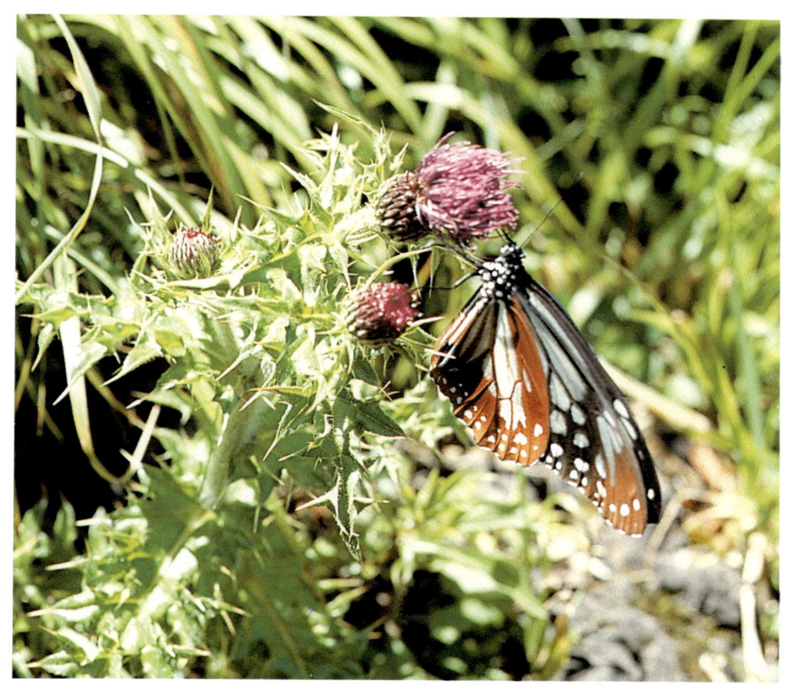

왕나비 *Parantica sita*　KOLLAR

　성충은 5월에서 9월까지 연 2, 3회 나타난다. 수컷은 뒷날개의 내연각에 성징을 나타
내는 검은색 무늬가 있으나 암컷은 없다. 주로 꽃을 찾아 날개를 편 채로 아주 느리게
활주를 하면서 난다.
　지리산 이남 지역에 분포하나 때로는 북상하여 광릉, 설악산, 평양 등지에서도 채집
되고 있다. 이와 같은 경우는 기상 요인 등으로 서식지를 벗어나 일시적으로 여름을
보내는 것으로 알려져 있다.
　일본, 대만, 중국에서 서부 히말라야까지 분포되고 있다.
　이 종은 예전에는 제주왕나비란 국명을 사용해 왔다.

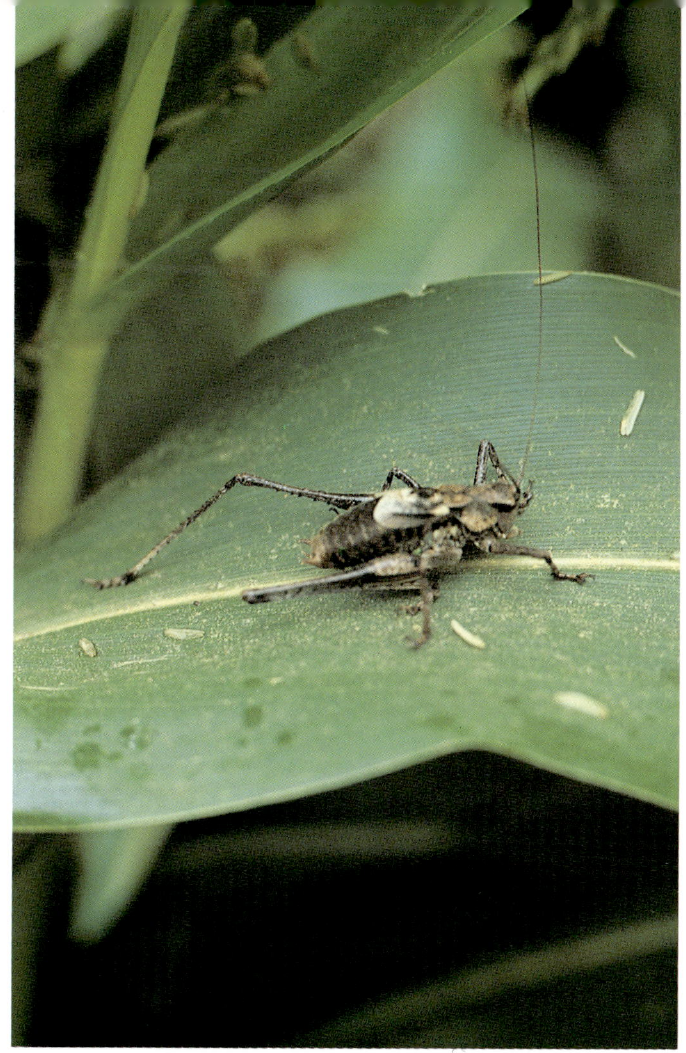

반날개여치   *Gampsocleis inflata*   UVAROV

몸 길이는 35 내지 45밀리미터 정도인데 몸은 대체적으로 갈색을 띠고 있다. 성충이 되어도 날개가 짧아서 붙여진 이름인데 더듬이와 뒷다리는 길게 잘 발달되어 있다. 성충은 6월에서 8월에 걸쳐 나타나는데 야산이나 산림 지대의 풀밭 등에서 주로 서식하고 있다. 낮에 주로 활동하며 수풀이나 덤불 속에서 "치르륵 치르륵" 하고 소리를 낸다.

우리나라 전역과 중국과 만주 등지에 분포되고 있다.

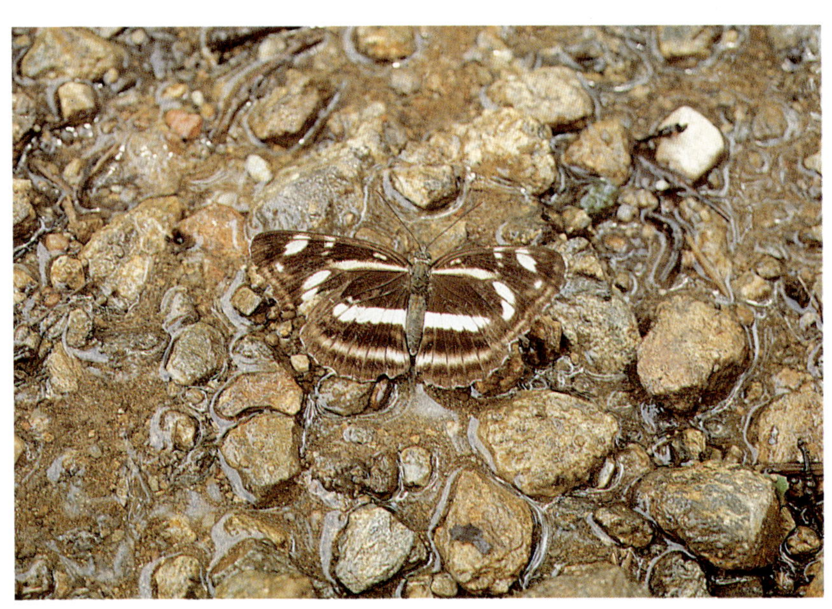

황세줄나비 *Neptis thisbe* MÉNÉTRIÈS
　　성충은 6월 중순에서 8월에 걸쳐 연 1회 나타난다. 수컷은 암컷보다 일반적으로 작고
뒷날개 표면의 앞가장자리가 연한 검정색이고 제7실은 광택이 난다. 산림의 계곡이나
숲 가장자리에서 많이 살며 양지바른 풀밭이나 낮은 관목 위를 천천히 나는 것을
흔히 볼수 있다. 오염된 습지나 나무의 수액에도 잘 모이는 편이다.
　　우리나라 전역, 만주, 아무르, 우수리, 중국 동북부 지역 등에 분포한다.

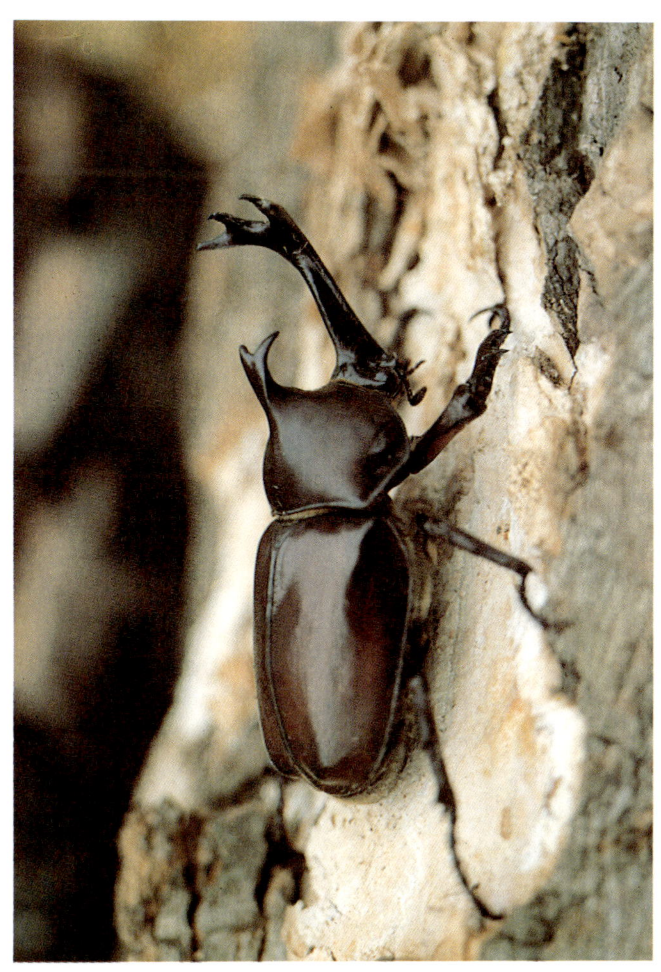

장수풍뎅이 *Allomyrina dichotoma* LINNAEUS

몸 길이는 머리에 있는 뿔을 제외하고도 35 내지 55밀리미터로 풍뎅이 무리 가운데
는 가장 큰 종에 속한다. 특히 수컷은 머리와 가슴의 등에 성징을 나타내는 큰 사슴뿔
모양의 각상돌기가 돌출해 있다. 암컷은 수컷과 달리 돌기가 나 있지 않으며 크기도
작다. 성충은 7월에서 8월에 걸쳐 나타나는데 커다란 활엽수의 나무진이나 등불에
모여든다. 유충은 썩은 나무 속이나 퇴비 속에서 섬유질을 먹고 산다.
중부 이남에 주로 분포하며 일본, 대만, 중국, 동남 아시아 등지에도 분포한다.

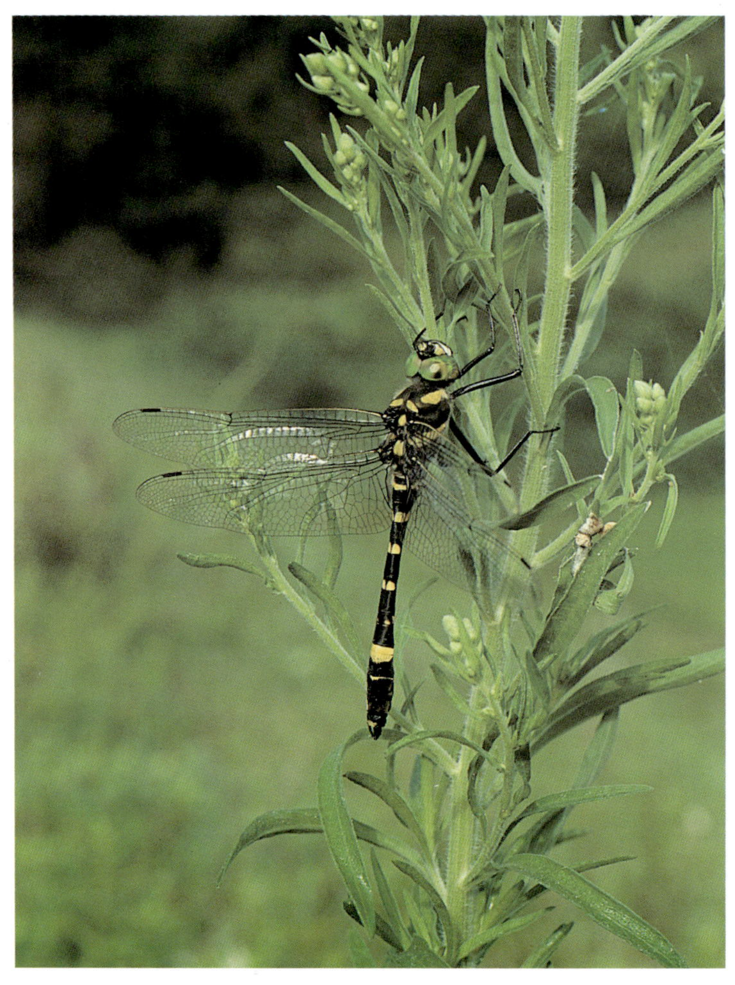

장수잠자리 *Anotogaster sieboldii* SELYS

몸 길이가 수컷은 85 내지 100밀리미터, 암컷은 95 내지 105밀리미터 정도로 암컷이 약간 크다. 뒷날개의 길이도 수컷은 48 내지 60밀리미터, 암컷은 55 내지 70밀리미터로 암컷이 약간 길다. 성충은 6월에서 9월에 걸쳐 나타나는데 7월 말에서 8월 말 사이에 가장 많이 활동한다. 주로 산간 계곡이나 평지의 저수지 연못 부근에서 활기 차고 재빠르게 날아다닌다.

우리나라 전역과 일본, 대만, 중국 등지에 분포되고 있다.

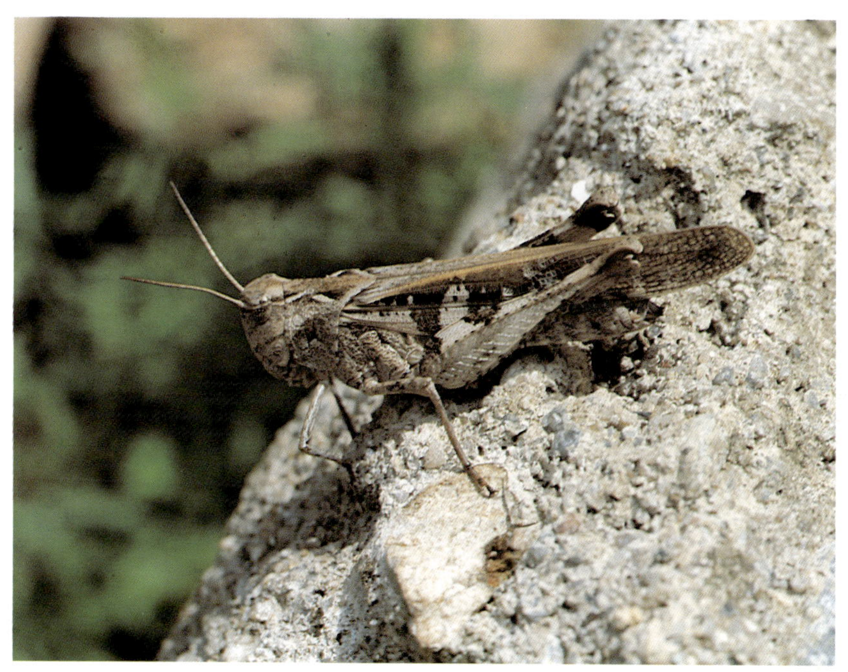

콩중이 *Gastrimargus marmoratus* THUNBERG

몸 길이는 38 내지 57밀리미터 정도이다. 몸과 날개는 녹색 또는 갈색을 띠고 있는데 초원에 서식하는 무리일수록 녹색이 강하다. 가슴의 등면에는 정중선을 따라 융기부가 있으며, 뒷가장자리는 좁은 각으로 되어 있다. 성충은 7월에서 9월에 걸쳐 나타나며 주로 들판이나 숲의 가장자리 또는 냇가의 풀밭 등지에 많이 살고 있다. 암컷은 9월경에 땅 속에다 알을 낳고 죽는다.

우리나라 전역과 일본, 대만, 중국 등지에 분포하고 있다.

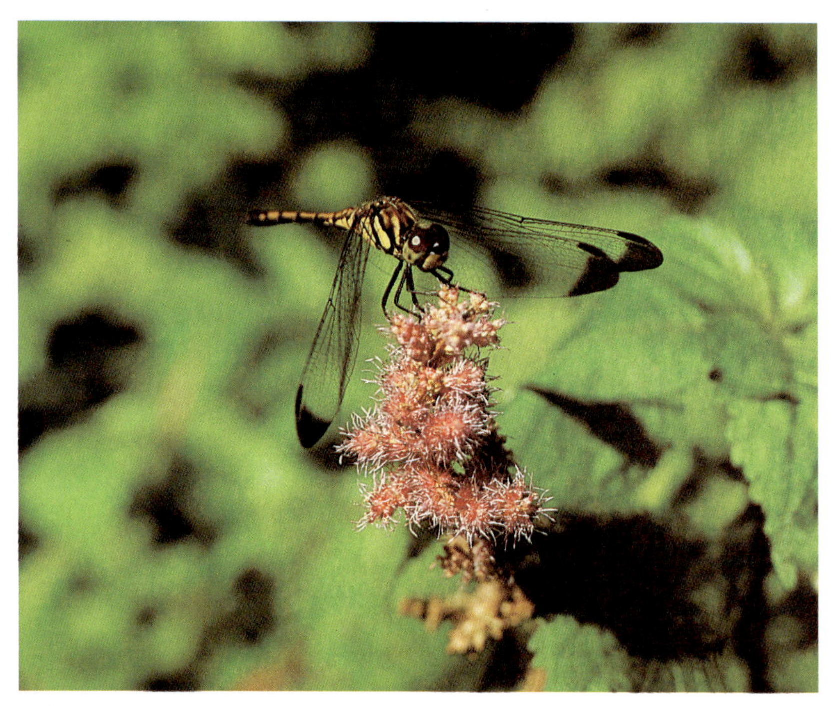

깃동잠자리 *Sympetrum infuscatum* SELYS

  몸 길이는 45밀리미터 뒷날개의 길이는 35밀리미터 정도이다. 수컷에 비하여 암컷이 조금 크며 날개의 끝쪽에 있는 흑갈색의 무늬도 암컷이 더 진하다. 성충은 7월에서 10월에 걸쳐 나타나는데 주로 계곡 사이의 구릉 지대나 연못 부근에서 많이 발생되고 있다.

  우리나라 전역에서 흔히 나타나며 일본, 대만, 중국 등지에 분포하고 있다.

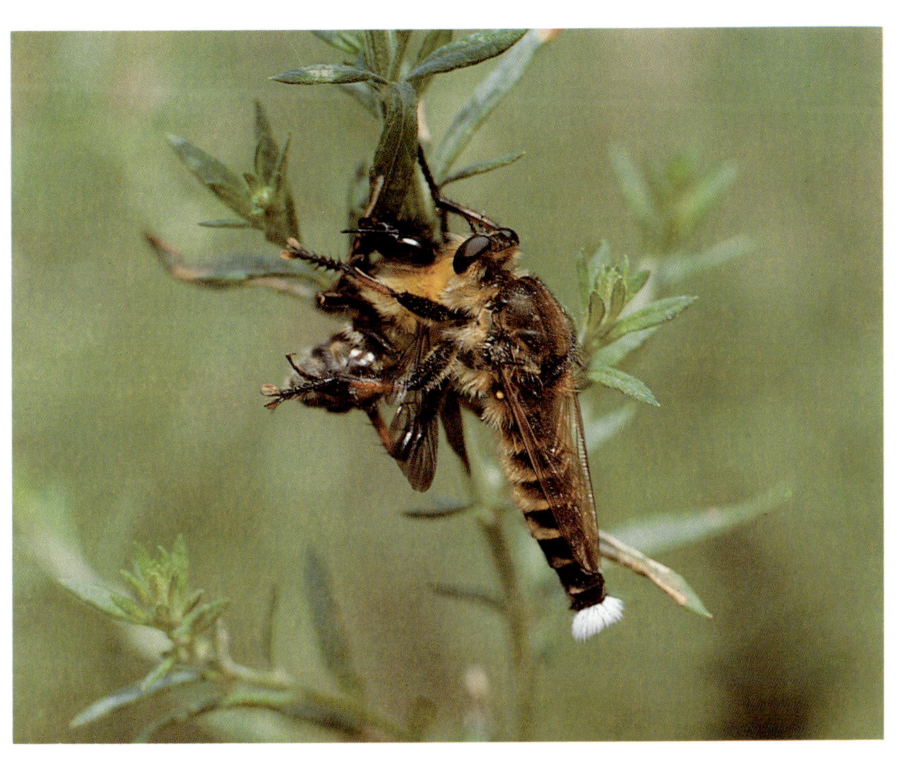

파리매 *Promachus yesonicus* BIGOT

  몸 길이는 25 내지 28밀리미터 정도이다. 몸은 흑색이고 겹눈 사이는 머리 폭의 약 4분의 1이며, 갈색 가루로 덮였고 옆가장자리에 흑색 털이 있다. 수컷은 복부의 꼬리 끝에 백색의 털다발이 있으며 암컷은 꼬리 끝 2마디가 남청색으로 광택이 난다. 성충은 6월에서 8월에 걸쳐 흔히 나타나는데 주로 들판이나 숲에서 파리, 밑드리, 벌 등 작은 곤충들을 날카로운 주둥이를 사용하여 잡아먹는다.
  우리나라 전역과 일본, 중국에 분포되고 있다.

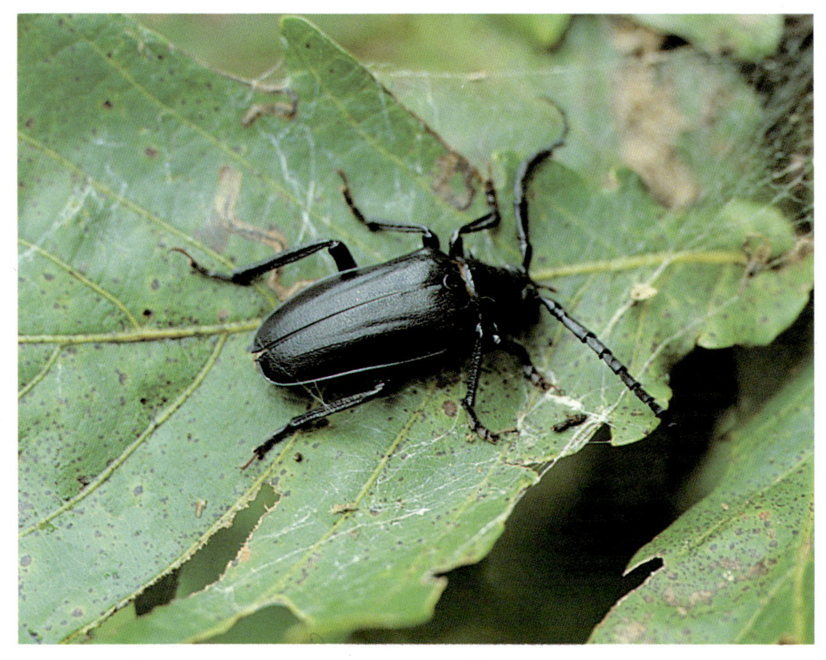

톱하늘소 *Prionus insularis* MOTSCHULSKY

몸 길이는 23 내지 48밀리미터 정도이다. 암컷이 수컷에 비하여 몸의 크기는 큰 편이
나 더듬이는 수컷이 더 굵게 되었다. 몸은 전체적으로 흑색을 띠고 있으며 가슴의
양옆에 톱니 모양의 돌기가 나 있어 톱하늘소라 불린다. 성충은 5월 중순에서 9월에
걸쳐 나타나는데 나무진이나 불빛에 모여든다. 유충은 각종 침엽수의 뿌리에 기생하
며 목질부를 가해하는 해충이다.
우리나라 전역과 일본, 북해도, 중국, 아무르, 우수리, 시베리아 등지에 분포한다.

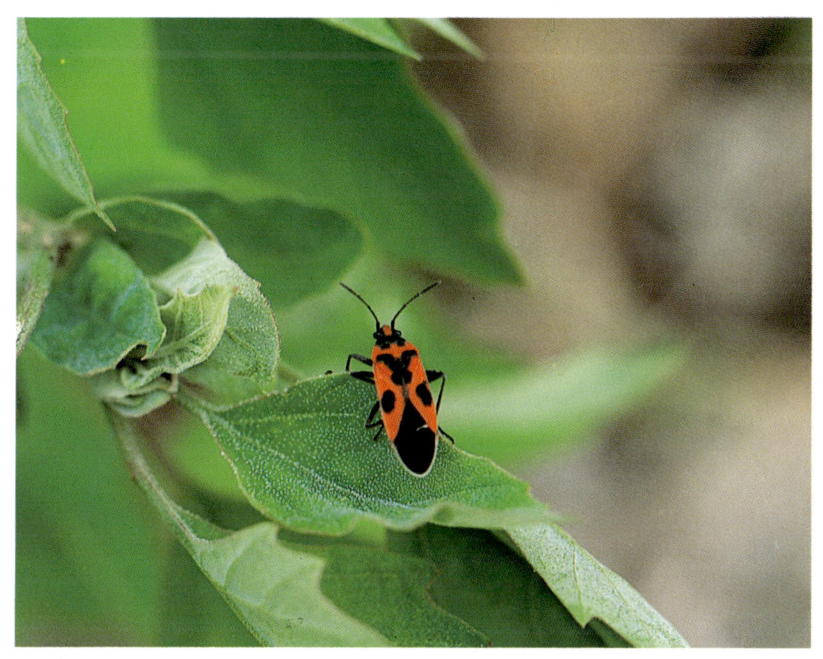

흰점빨간긴노린재 *Lygaeus equestris* LINNAEUS
　몸 길이는 10 내지 12밀리미터 정도이다. 몸은 아름다운 주홍색에 흑색 무늬를 갖고
있다.　작은방패판은 흑색이고 반시초는 주홍색이며 막질부는 흑색을 띠고 있는데
막질부의 중앙에 타원형의 흰 점무늬가 있다. 머리와 가슴부의 아랫면과 다리는 흑색
이다. 성충은 5월에서 10월에 걸쳐 나타나는데 들판이나 숲의 잡초 속에서 산다.
우리나라 전역과 일본, 중국, 시베리아, 유럽 전역 등에 널리 분포되고 있다.

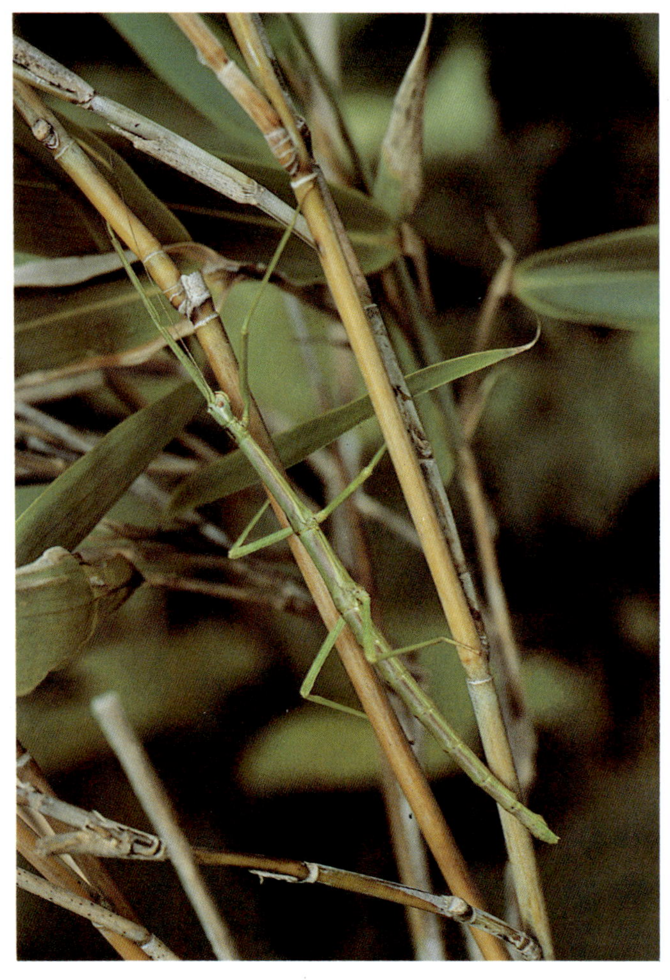

대벌레 *Phraortes elongatus* THUNBERG
몸 길이가 수컷은 65 내지 75밀리미터, 암컷은 80 내지 100밀리미터 정도이다. 전체적인 몸의 모양이 대나무의 마디와 비슷하다 하여 붙여진 이름이다. 머리는 작고 더듬이도 짧으나 다리는 길게 되었다. 성충은 7월에서 9월에 걸쳐 나타나는데 주로 활엽수의 나무 위에서 생활한다. 이때 이들의 모습은 나뭇가지와 비슷하여 눈에 잘 띄지 않는다. 알은 1개씩 낳는데 식물의 종자와 같은 특이한 모습을 하고 있다.
중부 이남에 주로 분포하며 일본, 대만 등지에도 분포한다.

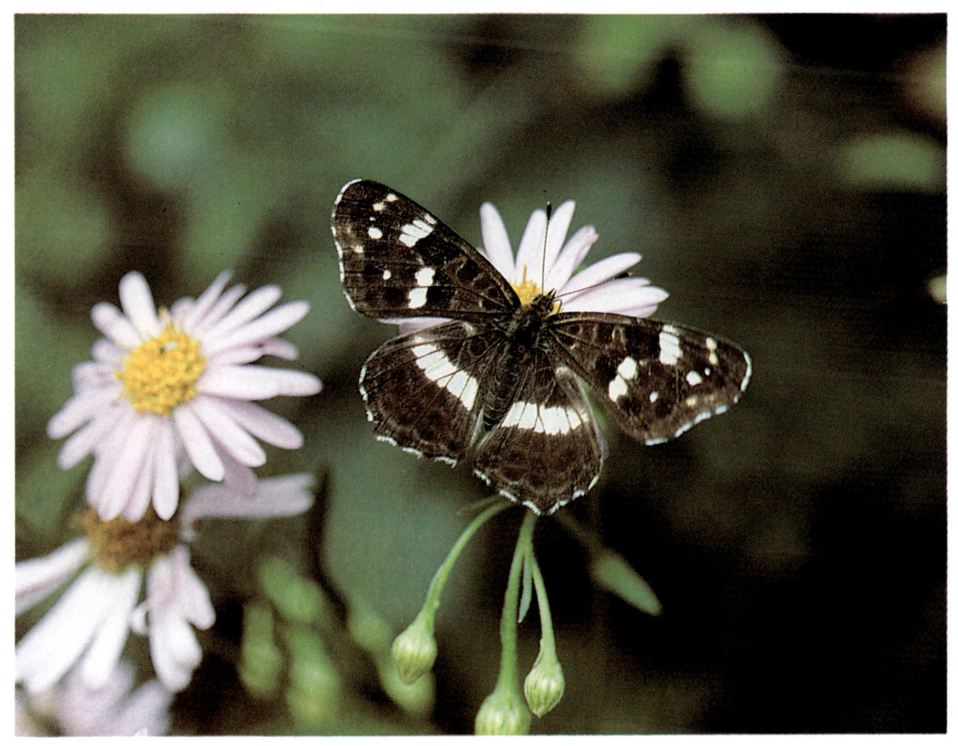

북방거꾸로여덟팔나비　*Araschnia levana*　LINNAEUS

　날개의 중앙에 나 있는 흰 띠무늬가 한자로 여덟 '八字'를 거꾸로 한 모습이라 하여
붙여진 이름이다. 암컷은 수컷에 비해 날개의 폭이 넓고 둥그스름하며 표면의 무늬가
잘 발달되어 있다.
　이 종은 거꾸로여덟팔나비와 비슷하나 대체로 크기가 작고 날개 아랫면의 바탕색이
어둡고 뒷날개 중앙의 제4맥 끝이 강하게 돌출되어 있다. 또한 앞날개 중실 밖의
띠와 중앙에서 날개 뒷가장자리에 이르는 띠가 서로 평행이나 거꾸로여덟팔나비에서
는 평행이 아니다.
　성충은 5월에서 8월에 걸쳐 연 2회 나타나는데 산간의 계곡 부근에 많으며 주로
쉬땅나무, 등골나무 등의 꽃에 잘 모인다.
　우리나라 지리산의 이북 지역에 분포하며 일본, 사할린, 시베리아, 유럽 등지에까지
널리 분포하고 있다.

가을의 곤충

더위가 기승을 부리는 여름철에 요란스럽게 울어대던 매미들도 거의 사라지고 겨우 늦털매미만이 낮은 목청으로 처량하게 운다. 또한 여름철에 날개짓 한번 멋있게 못 해 본 각시멧노랑나비도 오랜 휴식에서 깨어나 산들바람을 따라 이꽃 저꽃으로 날아다닌다. 네발나비는 짙은 빛깔로 옷을 갈아 입고 부지런히 다니며 빠알간 고추좀잠자리가 푸른 하늘을 맴돈다.

가을 하늘을 잠자리가 날고 누렇게 익은 들판에는 폭날개애메뚜기를 비롯해서 실베짱이, 긴꼬리 등이 이리 뛰고 저리 뛰고 분주하다. 이들 메뚜기류는 대부분 식성이 초식성이어서 입이 씹기에 적합하게 되어 있다. 그래서 땅 위 또는 나뭇가지 위에서 생활하면서 많은 식물의 잎을 갉아 먹고 산다. 그러나 가끔 육식성인 종류도 있으며 주위에 먹이가 부족하면 닥치는 대로 아무거나 먹는 잡식성인 것도 있다. 이들 메뚜기를 살펴보노라면 가끔 앞다리를 번쩍 쳐들고 주의를 두리번거리는 왕사마귀도 보게 되는데 그 날카로운 톱니를 가진 다리는 매우 위협적이어서 다른 곤충들은 감히 접근할 엄두조차 못 낸다.

모든 곤충이 대부분 그러하듯 가을의 곤충들은 날개나 몸의 빛깔이 계절에 알맞게 된 경우가 많다. 곧 여름보다 색깔이 더 짙어지거나 갈색으로 되어 주변의 환경에 잘 적응하게끔 되어 있다.

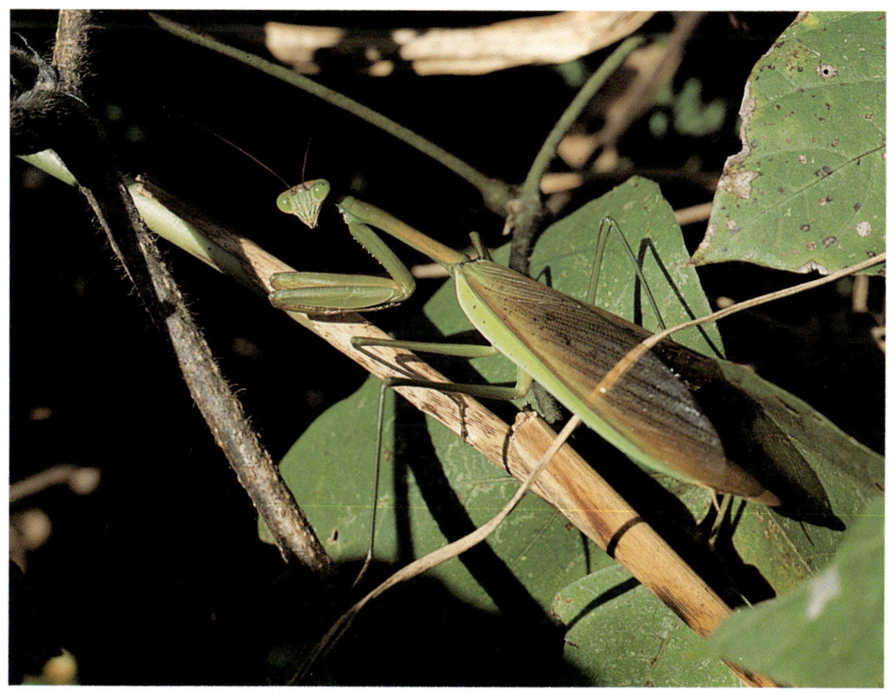

왕사마귀　*Tenodera aridifolia*　STOLL

　몸의 길이는 70 내지 95밀리미터 정도이다. 몸은 녹색을 띤 담갈색 바탕으로 되었으며 날개도 녹색을 띤 담갈색이나 뒷날개에는 자갈색의 작은 무늬가 나 있다.
　성충은 몸이 크고 다리 힘이 강하여 메뚜기류, 나비류, 벌류, 매미류 등 많은 곤충을 포식한다. 이렇듯 육식성이 강하여 많은 해충을 구제해 주므로 생태계 안에서는 좋은 천적의 구실을 한다. 생긴 모습 그대로 성질도 난폭하여 수컷은 암컷에게 접근하다가 또는 교미중에도 암컷에게 먹히는 경우가 가끔 있다.
　8월 말경에 성충이 되어 10월에 산란을 마치고 죽는다. 주로 들판이나 숲의 가장자리 등에서 많이 볼 수 있다.
　우리나라 전역과 일본, 대만, 인도 등 동양 열대 지방에 널리 분포하고 있다.

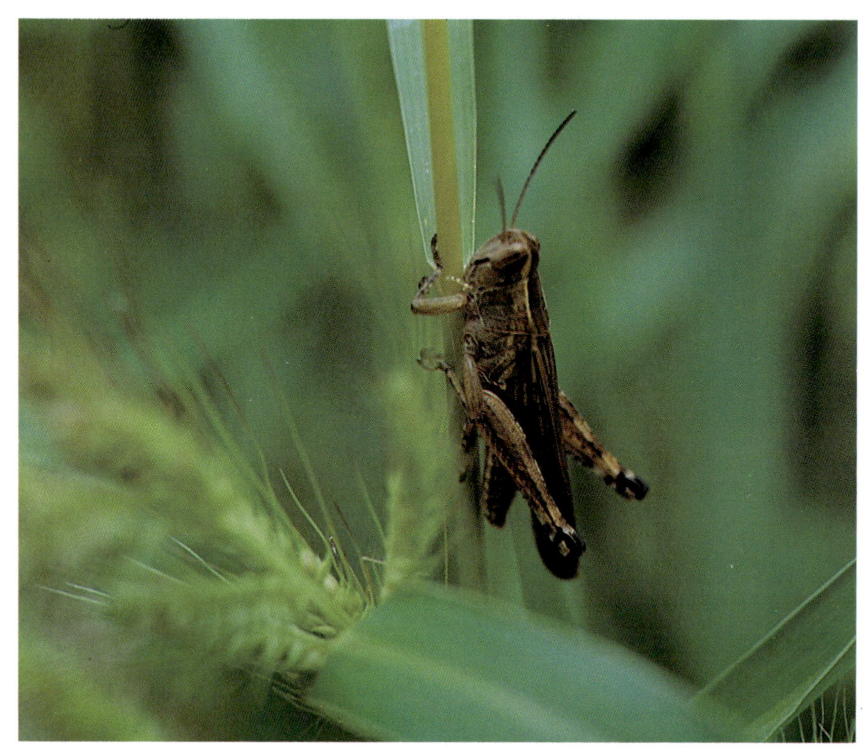

폭날개애메뚜기 *Chorthippus latipennis* BOLIVAR

몸의 길이는 20 내지 30밀리미터 정도이다. 몸은 비교적 짙은 갈색을 띠고 있는데 앞날개는 비교적 좁고 중앙부에서 뒤쪽으로는 담색 무늬가 있다.

8월에서 9월에 걸쳐 성충이 되는데 주로 낮은 산지의 풀밭에서 산다. 소리는 거의 낮에 내는데 뒷다리의 허벅마디를 앞날개의 경맥(徑脈, R맥)에 마찰시켜 "시리— 시리—시리—" 하고 운다.

우리나라 전역과 일본, 중국, 구북구계 지역에 걸쳐 널리 분포하고 있다.

알락귀뚜라미 *Loxoblemmus arietulus* SAUSSURE

몸의 길이는 13 내지 20밀리미터 정도이다. 몸은 회갈색을 띠고 있는데 수컷의 이마는 약간 앞쪽으로 돌출되어 있다. 겹눈은 아래쪽으로 폭이 넓게 되었으며 더듬이의 제1마디 바깥쪽에는 끝이 가는 돌기가 나 있다.

집 주변이나 야산의 풀밭에 주로 살며 8월에서 10월에 걸쳐 성충으로 활동한다. 어두운 밤을 이용하여 "리이—리이—" 하고 운다.

우리나라 중부 이남과 일본, 대만 등지에 분포하고 있다.

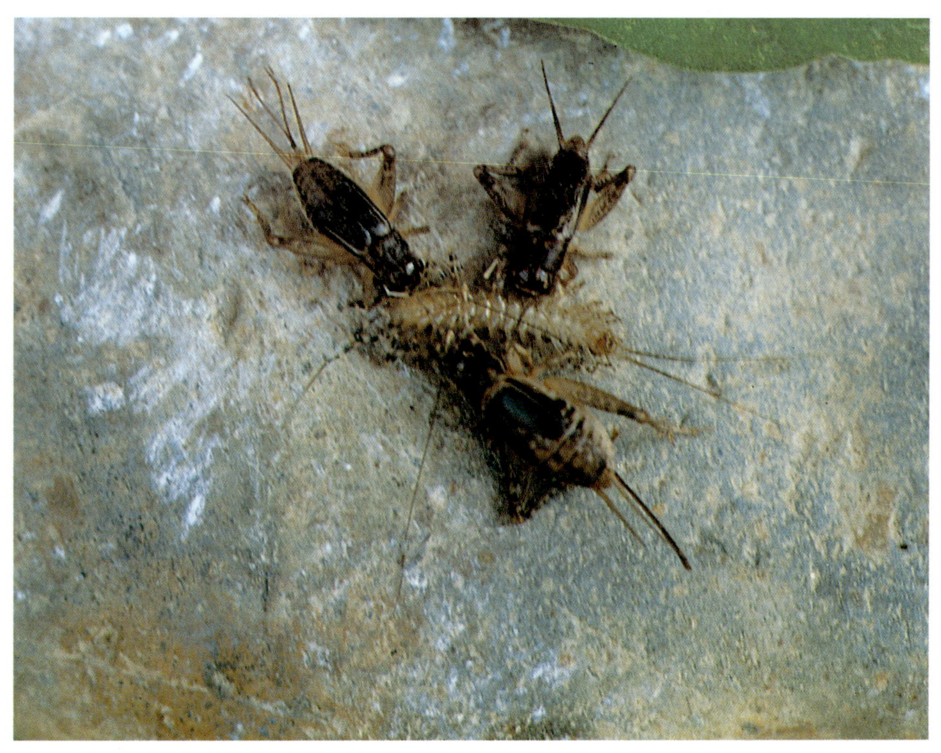

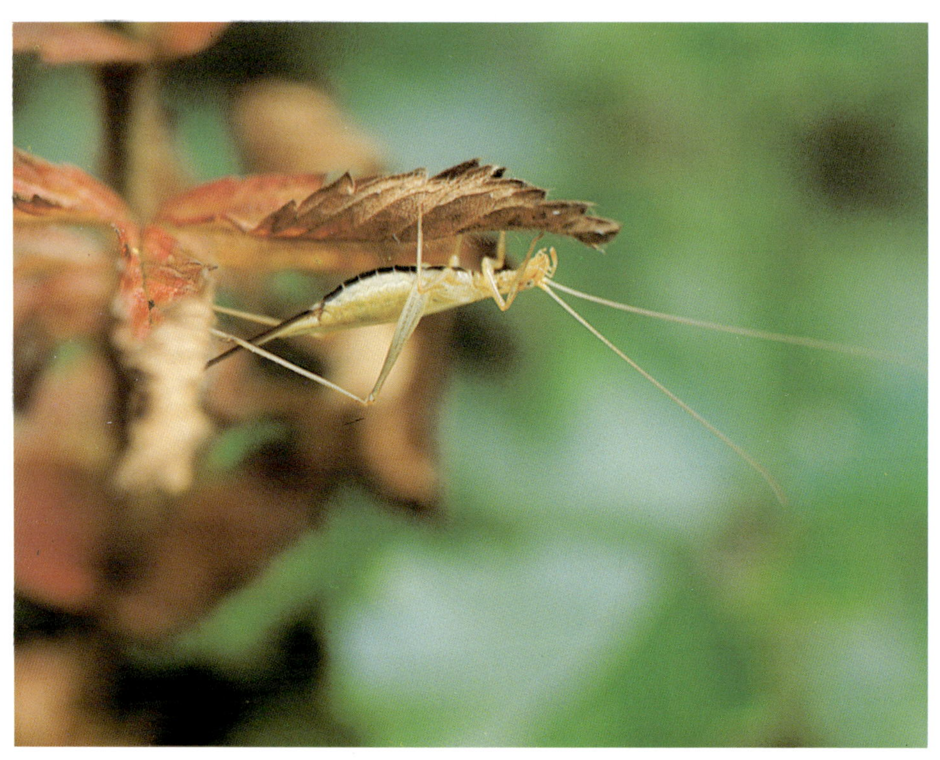

긴꼬리 *Oecanthus longicauda* MATSUMURA

몸의 길이는 12 내지 20밀리미터 정도이다. 몸은 연한 갈색을 띠고 있는데 몸과 날개가 가늘고 긴 모습을 하고 있다. 암컷의 산란관은 비교적 길며 약간 위쪽으로 굽어져 있다.

8월에서 10월에 걸쳐 성충으로 나타나며 식물의 줄기에 낳은 알로 월동을 하게 된다. 산림의 풀밭에서 주로 살며 "루루루" 하고 소리를 내며 운다.

우리나라 전역과 일본, 만주, 중국 등지에 분포하고 있다.

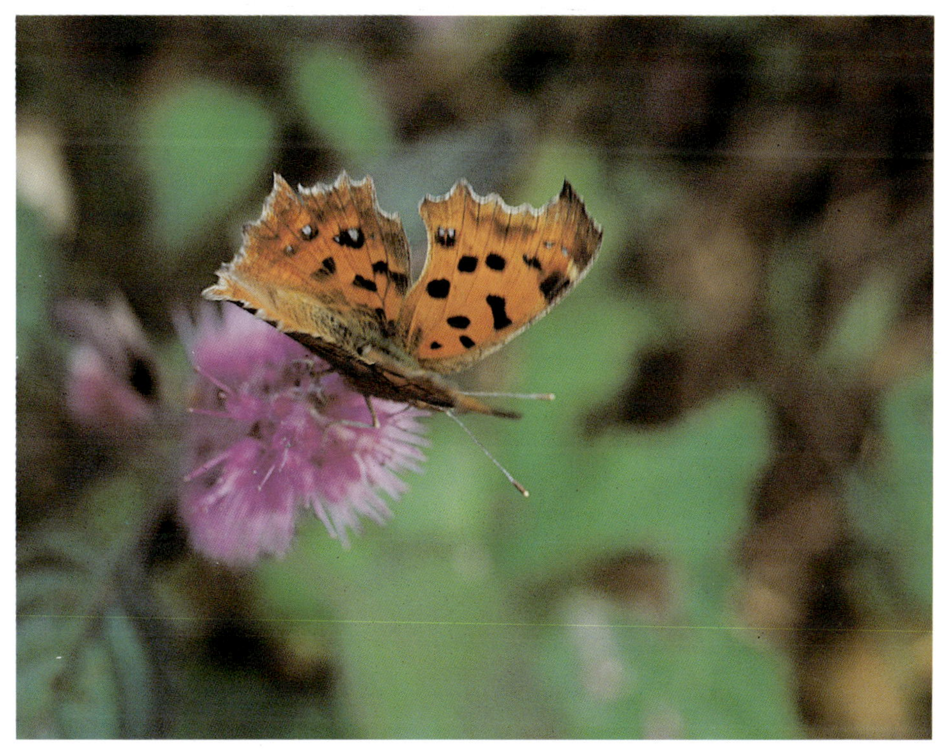

네발나비   *Polygonia c-aureum*   LINNAEUS

이 나비는 예전에 남방씨—알붐나비란 국명으로 통용되었으나 요즈음에는 네발나비로 불린다.
성충은 연 3회 발생되는데 제1회는 6월에 나타나며 제2회는 7월 중순에 나타나고 제3회는 9월 이후에 나타난다. 마지막으로 나타난 가을형이 성충으로 월동을 하고 이듬해 봄에 나타나는 것이다. 여름형은 날개의 표면이 황갈색에 검은색의 점무늬가 있으며 아랫면은 연한 황갈색 바탕에 갈색의 가는 줄무늬가 있으나 가을형은 표면이 붉은색이 돌고 아랫면은 짙은 적갈색이다.
들판의 평지에서 많이 볼 수 있으며 성충은 나무딸기, 노린재나무, 파, 오이풀 등의 꽃에 즐겨 모인다. 유충은 환삼덩굴의 잎을 먹는다.
우리나라 전역에 흔히 분포하며 일본, 중국, 대만, 아무르 등지에도 분포한다.

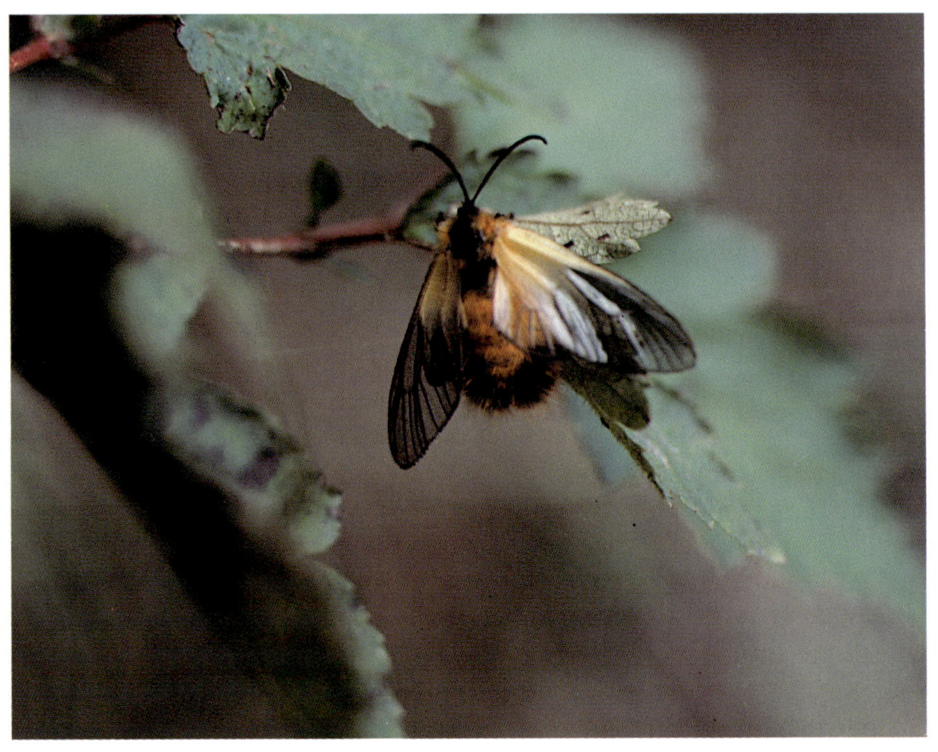

노랑털알락나방 *Pryeria sinica* MOORE
앞날개의 길이는 14 내지 16밀리미터 정도이다. 더듬이는 곤봉 모양이며 주둥이는
퇴화되어 없다. 몸은 대체로 흑색이고 어깨판과 배에는 등황색의 긴 털이 나 있는데
특히 배의 끝부분에는 긴 털이 나 있다. 날개는 투명한 편이나 기부는 황색을 띠고
있으며 시맥은 암갈색이다.
성충은 9월에서 10월경에 나타나는데 보통 낮에 활동하고 있다.
우리나라 중부 이남의 지역과 일본, 중국에 분포하고 있다.

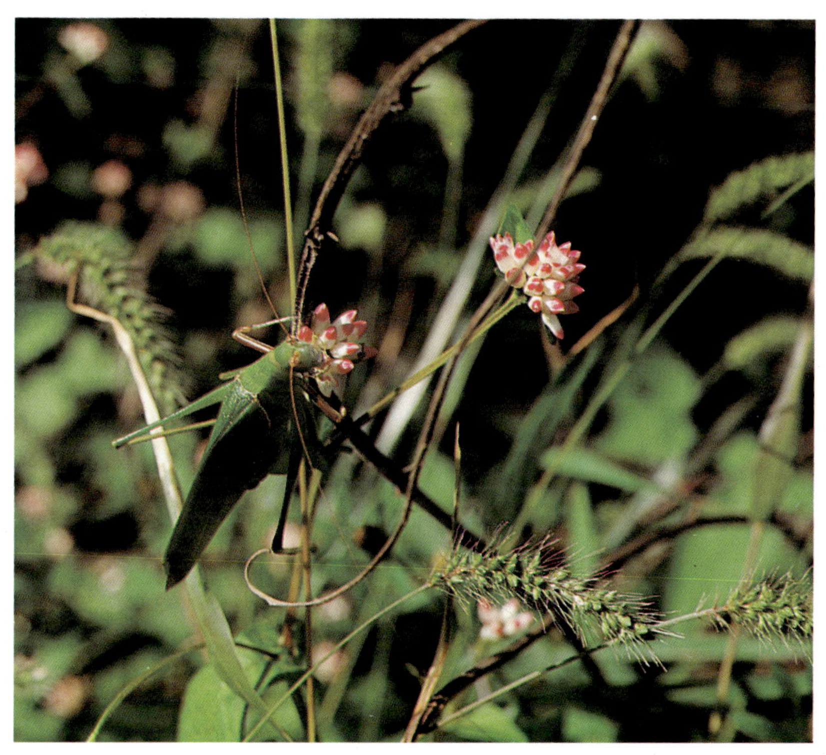

여치베짱이　*Pseudorhyn-cus japonicus*　SHIRAKI

몸의 길이는 60 내지 67밀리미터 정도이다. 몸은 엷은 녹색을 띠고 있는데 머리에서 가슴의 등면에 이르는 양옆에는 가는 황백색의 테두리가 나 있다. 주로 사초과 식물이 많은 초원 지대에 산다.

성충은 8월 말에서 9월에 걸쳐 나타나는데 "지……" 하고 연속음을 내며 운다. 몸이 여치의 모습과 베짱이의 모습을 함께 닮았다 하여 붙여진 이름이다.

우리나라 중부 이남과 일본에 분포하고 있다.

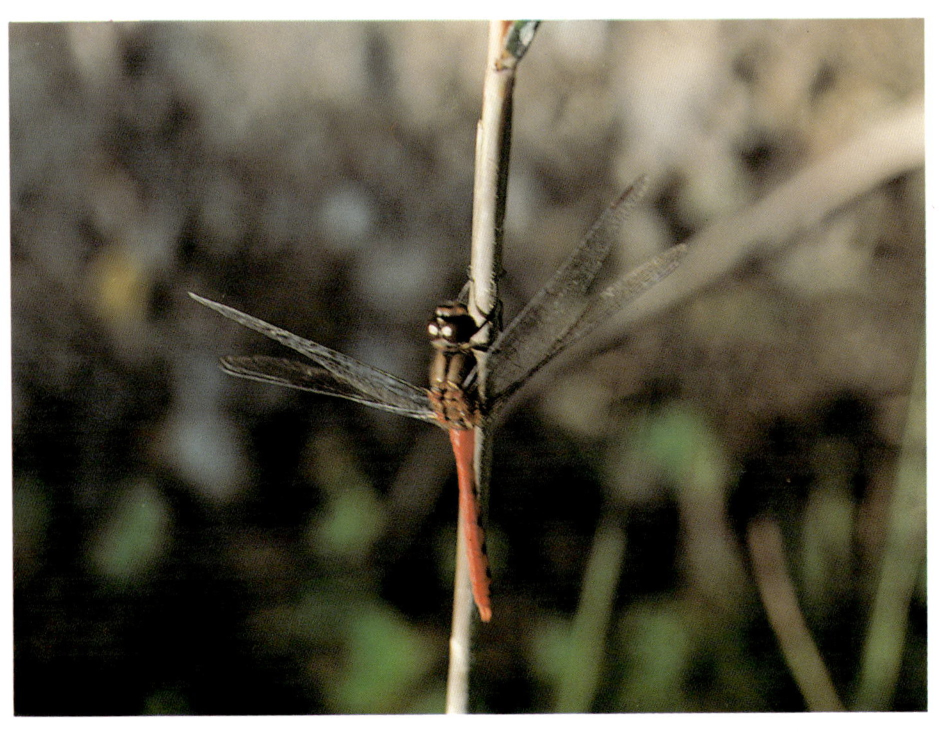

고추좀잠자리 *Sympetrum frequens* SELYS

몸의 길이는 약 40밀리미터, 뒷날개의 길이는 약 30밀리미터 정도이다. 여름좀잠자리와 비슷하나 아랫입술의 가운데 조각이 흑색이다.

7월에서 8월에 걸쳐 성충으로 우화된 개체들은 일단 태어난 물가를 떠나서 높은 산으로 무리지어 이동한다. 갓 우화했을 때의 몸 빛깔은 등황색이었지만 한여름을 산에서 보내고 나면 수컷은 선홍색으로, 암컷은 적갈색으로 된다. 그러다가 가을 바람이 불면 산에서 논이나 평지로 내려와 짝짓기를 하고 산란을 한다.

우리나라 전역과 일본, 중국 등에 분포하고 있다.

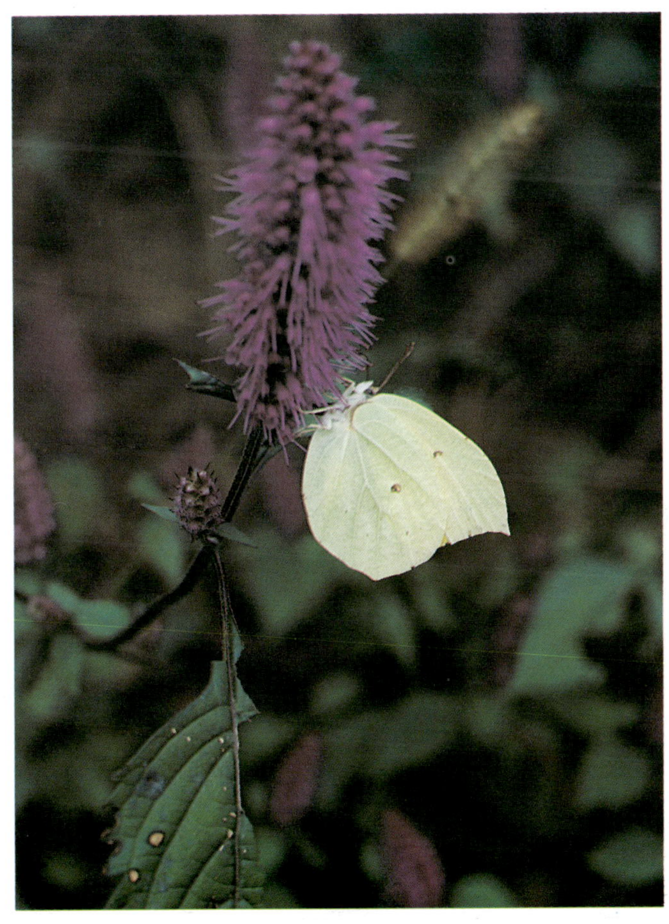

각시멧노랑나비 *Gonepteryx aspasia* MÉNÉTRIÈS
멧노랑나비와 비슷하나 앞날개 끝의 돌출이 뚜렷하다.
성충은 6월 중순에서 7월 중순 사이에 우화하였다가 더운 여름철에는 여름잠을 자므로 잠시 자취를 감춘다. 그 뒤 8월 말에 다시 나타나 10월 중순까지 활동을 하다가 성충 모습 그대로 월동을 한다. 이듬해 봄 4월 초에 다시 나타나 교미를 한 뒤 암컷은 갈매나무에 산란을 하고 죽는다. 월동한 성충은 날개에 갈색 점이 산재해 있으며 날개가 심하게 파손된 개체가 많다. 계곡이나 숲의 가장자리에 살며 가을철에는 꽃에서 꿀을 즐겨 빤다.
우리나라 전역과 일본, 중국, 아무르, 우수리 등지에 분포하고 있다.

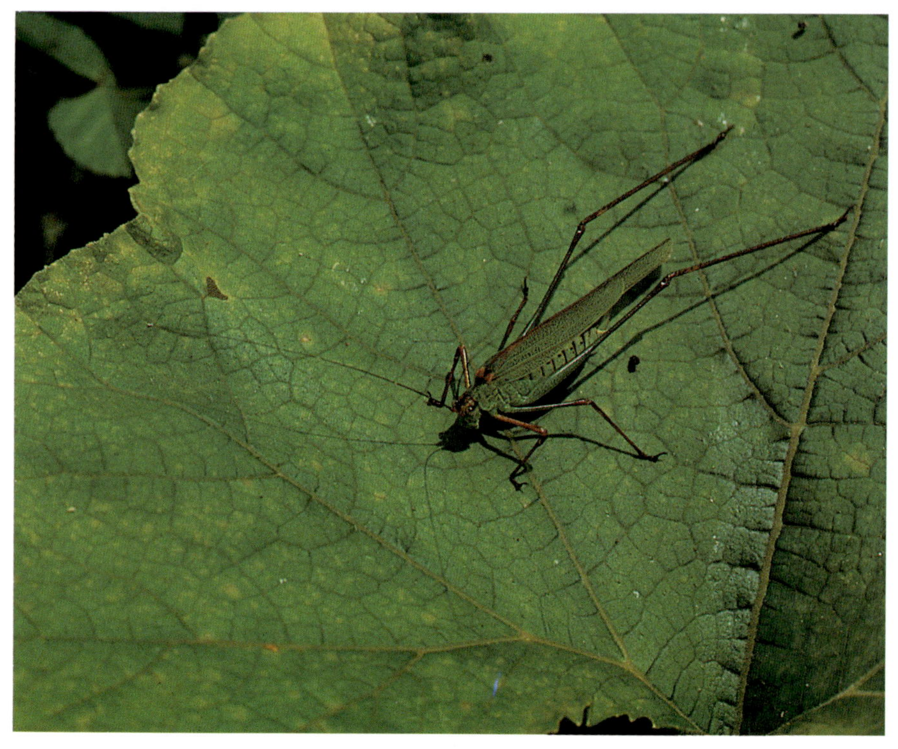

실베짱이 *Phaneroptera falcata* PODA

몸의 길이는 29 내지 37밀리미터 정도이다. 몸은 전체적으로 녹색을 띠고 있는데 날개의 폭이 좁고 길다.

8월에서 10월에 걸쳐 성충으로 활동하며 들판이나 산림의 숲에서 "찌이—찌이—" 하고 운다. 암컷은 낫처럼 생긴 산란관을 이용하여 풀줄기 속에 알을 낳는다. 다리에 가시가 없는 이 무리들은 풀만 먹고 사는 초식성이다.

우리나라 전역과 일본, 중국에 분포한다.

곤충의 겨울나기

나뭇잎이 차츰 붉어지고 풀잎에 이슬이 맺히게 되면 모든 가을 곤충들은 겨울을 지낼 준비를 서두르게 된다. 곤충이 살아가기 위해서는 어느 정도 따뜻한 온도가 필요하다. 그러나 가을이 깊어갈수록 대지의 기온은 자꾸 떨어지고, 먹고 있던 식물의 잎도 시들해져서 말라가는데 이럴 때에도 곤충은 전혀 허둥지둥 서두르지를 않는다. 오직 본능에 의해 자연의 섭리대로 적응하고 있는 것이다.

많은 종류의 메뚜기들은 찬바람이 불기가 무섭게 흙이나 돌틈 또는 나무 뿌리의 홈 등에 알을 낳는다. 자신의 수명이 곧 다할 것을 알기에 미리 준비된 알을 정성스레 묻어 놓는다. 추운 겨울에 혹시라도 얼어 죽을까 해서 사마귀 같은 무리는 푹신한 알주머니로 방한복을 입혀 주는 모성애도 엿보인다.

번데기로 겨울을 보내게 되는 쐐기나방류는 먹이를 찾아 돌아다니지 않고 곧바로 둥그스레한 고치를 튼다. 이 고치를 나뭇가지에 단단하게 붙여 놓는데, 그 껍질은 매우 튼튼하여 추운 겨울을 끄떡없이 지낼 수 있다. 주머니나방의 종류들은 입으로 실을 토해 두껍고 질긴 방한복을 짠 뒤 그 속에서 아무 탈없이 겨울을 나게 된다.

멧노랑나비, 네발나비, 청띠신선나비 등은 성충으로서 월동을 하므로 눈과 바람을 피할 수 있는 은신처를 찾아가 몸을 숨긴다. 보통 커다란 바위 틈이나 고목나무의 틈바구니에서 머물게 된다.

애벌레로 겨울을 보내는 상당수의 나비나 나방류에 있어서는 나무줄기를 타고 내려와 땅 속이나 나뭇잎 속에 몸을 숨긴다. 이때에는 비교적 자기의 먹이가 되는 식물에서 가까이 머물게 되는데, 이듬해 봄 새싹이 돋아날 때 쉽게 나무나 풀에 접근하여 허기진 배를 채우기 위해서이다.

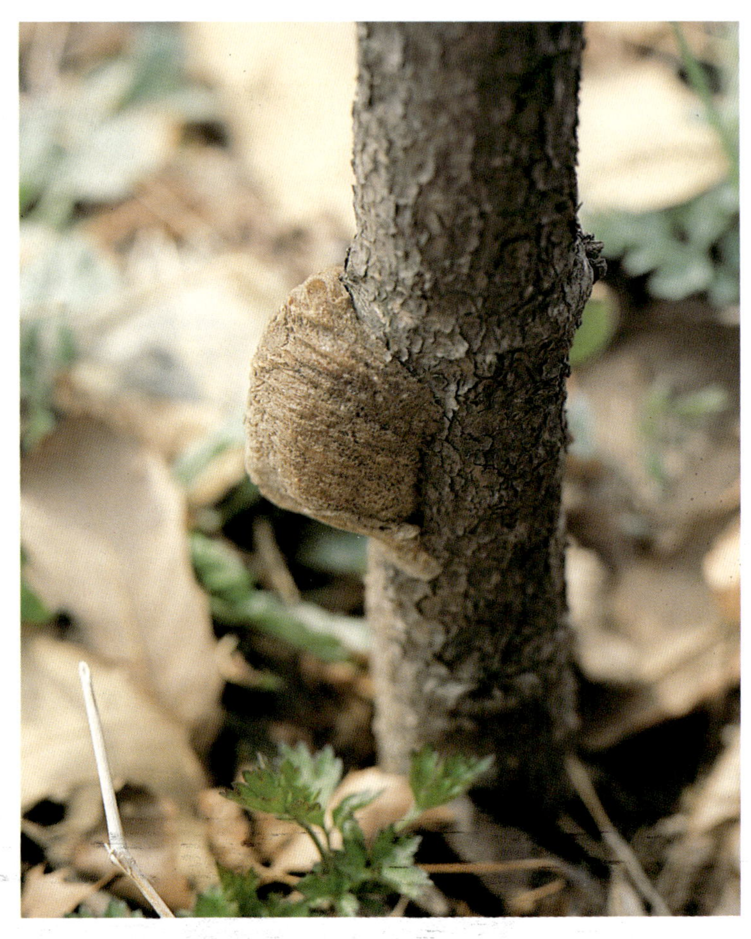

왕사마귀의 알주머니 *Paratenodera aridifolia* STOLL

사마귀 무리의 암컷은 특이한 냄새로 수컷을 불러 모은다. 이때 수컷은 목숨을 건 교미를 하게 되며 암컷은 추위가 오기 전에 산란을 하게 된다. 암컷은 배의 끝을 움직여 분비한 점액에 공기를 섞어서 하얀 거품의 알주머니를 만든다. 알주머니를 만들면서 산란을 하는데 점액이 마르면 거품이 스펀지와 같이 탄력이 있고 단단하게 된다. 이 때문에 나뭇가지에 부딪혀도 알이 다치지 않고 추운 겨울을 따뜻하게 보낼 수 있다. 부화는 이듬해 봄 5월경에 하게 된다.

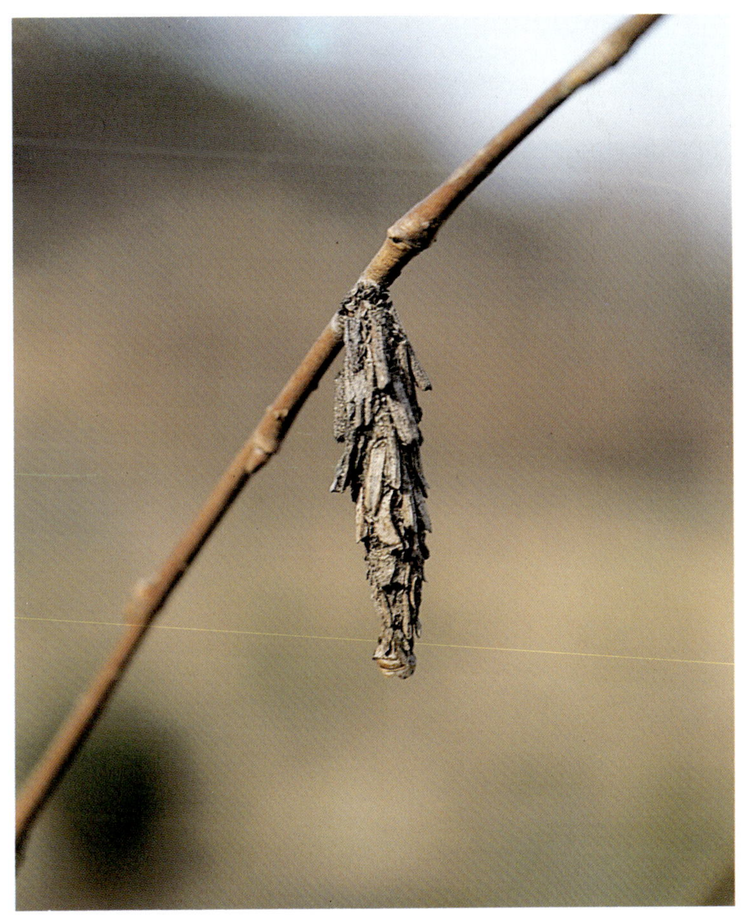

차주머니나방의 도롱이   *Eumeta minuscula*   BUTLER

도롱이벌레란 주머니나방과에 속하는 나방의 애벌레에게 붙여진 이름이다. 이 무리의
수컷은 성충이 되면 날개가 있으나 암컷은 퇴화되어 날개가 없다. 따라서 암컷은
주머니 속에 갇혀 있는 상태에서 수컷과 교미를 하게 되며 자신의 주머니 속에다
3,000 내지 4,000개의 알을 산란한다. 이 알이 부화되면 주머니의 구멍을 통해 밖으
로 나와 차례로 실을 토해서 이동을 한다. 이들은 바람에 날리어 꽤 멀리까지도 흩어
지게 되는데 새로운 나뭇잎이나 나뭇가지에서 자신의 보금자리인 도롱이를 만들어
생활하며 추운 겨울도 그 속에서 편안히 보내게 된다.
우리나라 중부 이남과 일본, 대만, 중국 등지에 분포하고 있다.

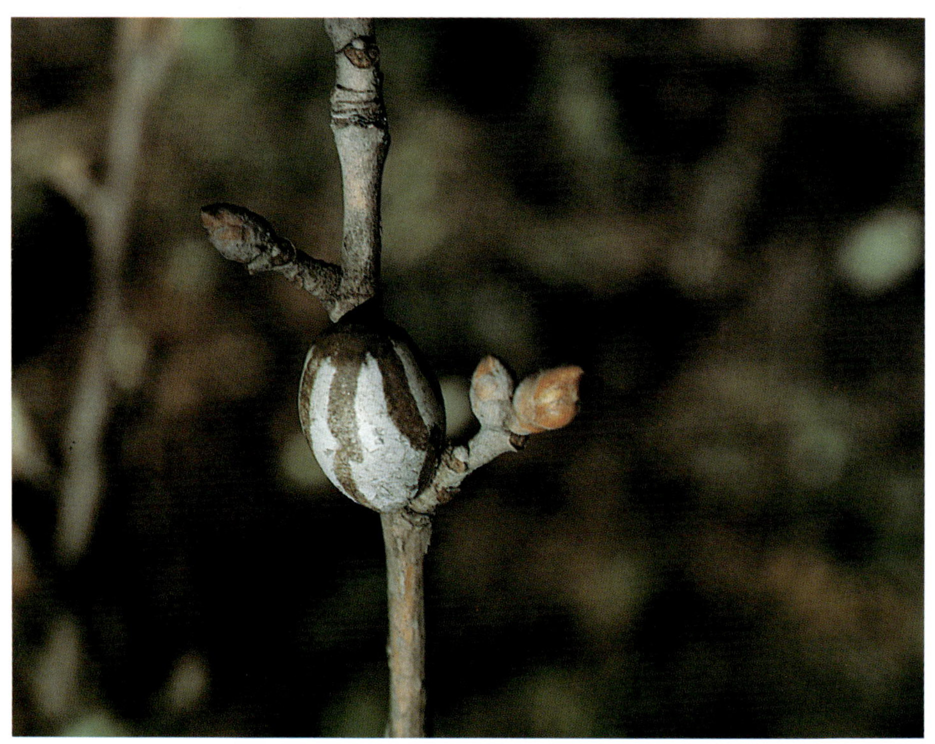

노랑쐐기나방의 고치   *Monema flavescens*   WALKER

쐐기나방과에 속하는 무리들의 애벌레를 쐐기라 하는데 살갗에 쏘이면 큰 통증을 느끼게 된다. 이 종은 성충이 6월에서 8월경에 나타나는데 교미를 마친 암컷은 배나무, 감나무, 대추나무, 느티나무 등의 활엽수 잎에 알을 산란한다. 부화된 알은 잎 뒷면에 붙어서 잎을 갉아 먹은 뒤 기온이 내려가기 전에 단단한 월동용 고치를 만든다. 보통 나무줄기나 가지에 만드는데 웬만한 충격에도 견딜 정도로 단단하다.
우리나라 전역과 일본, 대만, 중국, 아무르, 우수리, 아스콜드 등지에도 분포한다.

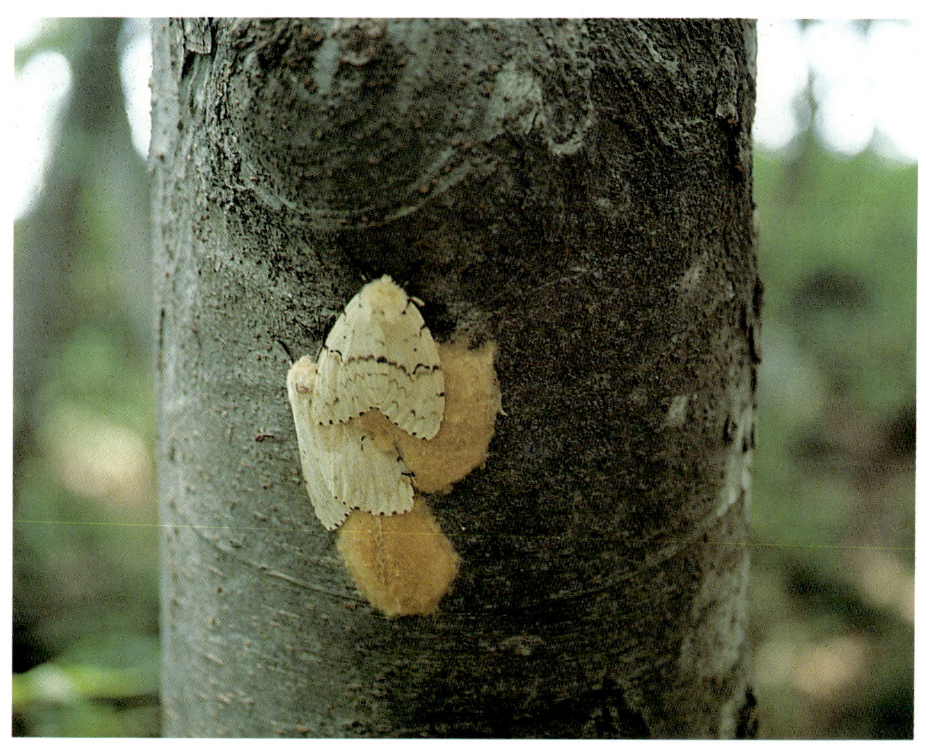

매미나방의 월동용 알집 *Lymantria dispar* LINNAEUS
　성충은 7, 8월경에 연 1회 발생하는데 주로 낮에 활동한다. 알은 나무의 줄기에 난괴
　(卵塊)를 형성하며 비교적 낮은 위치에 300개 정도 낳는다. 알로서 월동을 한 뒤,
　이듬해 4월경에 유충으로 부화되어 처음에는 군집 생활을 하나 나중에는 분산한다.
　유충은 배나무, 벚나무, 감나무, 버드나무, 소나무 등 100여 종의 식물을 가해하는
　해충이다.
　우리나라 전역과 일본, 중국, 아무르, 시베리아, 유럽, 북아메리카 등 넓게 분포하고
　있다.

곤충들이 즐겨 사는 곳

곤충은 종류가 다양하므로 사는 곳도 꽤나 가지가지이다. 지구상의 극지방을 제외한 어떠한 육지에도 그곳의 지형과 환경에 적응된 수많은 곤충류가 있기 때문이다. 그러나 이들의 서식처를 크게 구분하면 들판, 초원에서 서식하는 경우와 나무가 우거진 숲에서 서식하는 경우 그리고 시냇가 곧 물에서 서식하는 경우의 세 가지 유형으로 나눌 수 있다.

들판의 곤충

들녘에서 가장 먼저 눈에 띄는 것은 너울거리는 나비들이다. 무밭이나 배추밭에서는 배추흰나비나 노랑나비들이 군무를 하고 있고 이 틈에 꽃등에와 호박벌 무리도 웽웽거리며 부지런히 쏘다닌다. 푸른부전나비나 암먹부전나비들이 조그마한 날개를 앙증스럽게 나풀대며 꽃을 찾아 이곳저곳을 헤맨다. 꽃이 많이 피어 있는 들판을 자세히 살펴보면 공중에서 이따금씩 이동하지 않고 제자리에서

날개를 떨며 헬리콥터 모양으로 비행하는 재니등에 무리도 흔히
볼 수 있다.

 덤불이 우거진 들판이나 잡초가 무성한 계곡을 걷노라면 풀숲에
서 울고 있는 여치를 볼 수가 있다. 한 마리가 울면 다른 한 마리가
약간의 간격을 두고 따라 운다. 여치뿐만 아니라 귀뚜라미나 방울벌
레 등도 마찬가지이다.

 진딧물이 많이 모여 있는 풀줄기나 어린 나뭇잎에는 둥근 모양의
됫박과 같이 생긴 무당벌레들이 함께 살고 있는 것을 흔히 볼 수가
있다. 이들은 무늬가 매우 다양하여 붉은 바탕에 검은 점을 가지고
있는 것 또는 검은 바탕에 붉은 점을 가지고 있는 것 등 여러 가지
가 있다. 무당벌레의 애벌레는 몸에 가시가 많이 나 있는 흉한 모양
을 하고 있는데 이것 역시 성충과 마찬가지로 진딧물이나 깍지벌레
등을 잡아먹고 자란다.

 숲의 가장자리 등 군데군데 노출된 들판에서는 남색초원하늘소
등과 같은 초본성 하늘소 무리를 비롯하여 끝검은말매미충, 큰허리
노린재 등이 살고 있다. 그러나 이들 들판의 주변에는 주로 경작지
가 조성되어 있고 많은 농약이 뿌려지므로 곤충의 생존에는 커다란
위험이 따르고 있다.

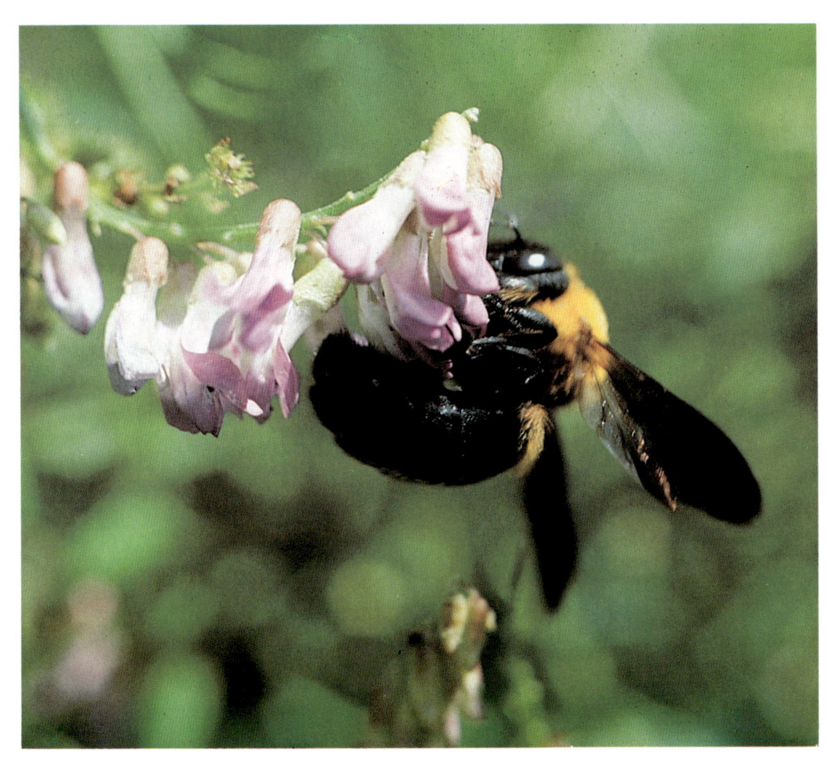

어리호박벌 *Xylocopa appendiculata circumvolans* SMITH

몸의 길이가 암컷은 22밀리미터 정도이다. 뒷머리에서 가슴의 등면까지는 아름다운 황색의 털이 많이 나 있다. 날개에는 어두운 갈색 바탕에 보랏빛 광택이 나며 배는 전체적으로 흑색을 띠고 있다. 주로 죽은 식물의 줄기 속에 굴을 파고 그 속에서 생활하며 들판이나 숲의 가장자리에서 꽃의 꿀을 즐겨 빤다.

성충은 5월에서 8월에 걸쳐 흔히 볼 수 있다.

우리나라 전역과 일본, 중국 등에 분포하고 있다.

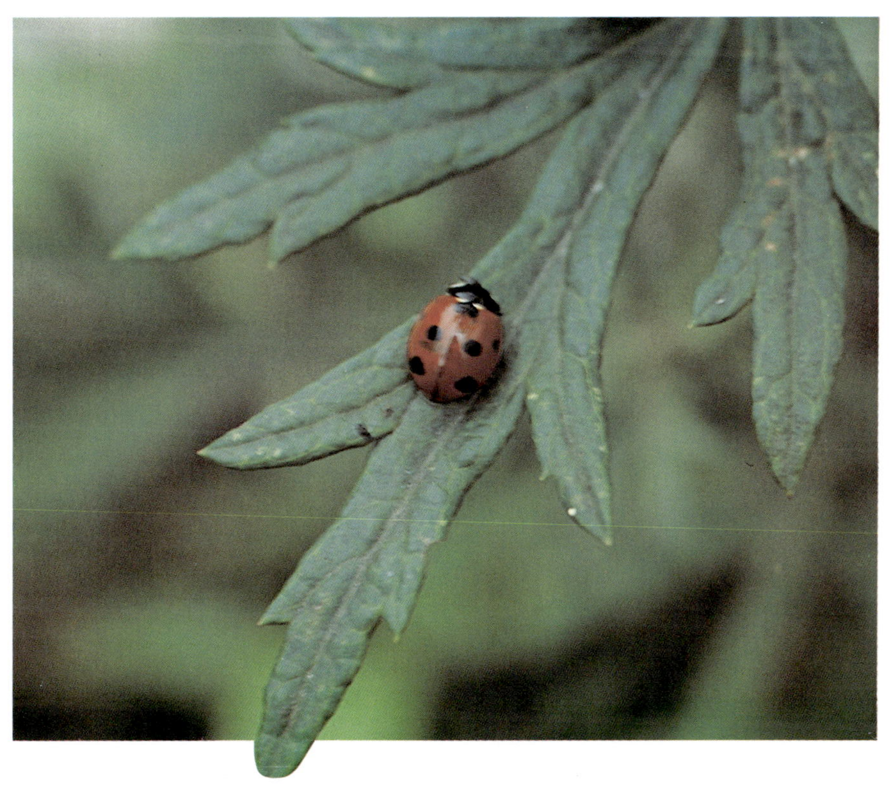

칠성무당벌레 *Coccinella septempunctata* LINNAEUS
  몸의 길이는 8밀리미터 정도이다. 더듬이, 머리, 가슴의 등면 등은 흑색을 띠고 있으
며 딱지날개는 광택이 나는 등황색 바탕에 7개의 흑색 점이 나 있다. 빛깔이 화려하
게 돋보이지만 몸에서 고약한 냄새를 풍기는 노란 액체를 분비하므로 오히려 적에게
는 경계심을 느끼게 하는 신호가 되고 있다.
  성충은 들판의 풀밭에 살며 유충은 진딧물을 잡아먹고 살므로 익충이 되고 있다.
  우리나라 전역과 일본, 중국, 만주 등에 분포하고 있다.

큰허리노린재   *Molipteryx fuliginosa*   UHLER
몸의 길이는 19 내지 25밀리미터로 우리나라에 분포하는 육서노린재 무리 가운데에
서는 가장 크다. 몸은 어두운 갈색이고, 앞가슴 등의 옆부분은 잎 모양으로 확장되어
어깨 부분의 앞쪽으로 돌출했으며 그 둘레에 톱니 모양의 작은 이가 나 있다. 수컷은
뒷다리의 넓적다리마디가 특히 굵고 그 표면에 미세한 가시 모양의 돌기가 나 있다.
지독한 냄새를 풍기며 들판의 잡초나 엉겅퀴, 양지꽃, 머위 등에 잘 모인다.
우리나라 전역과 일본, 중국에 분포하고 있다.

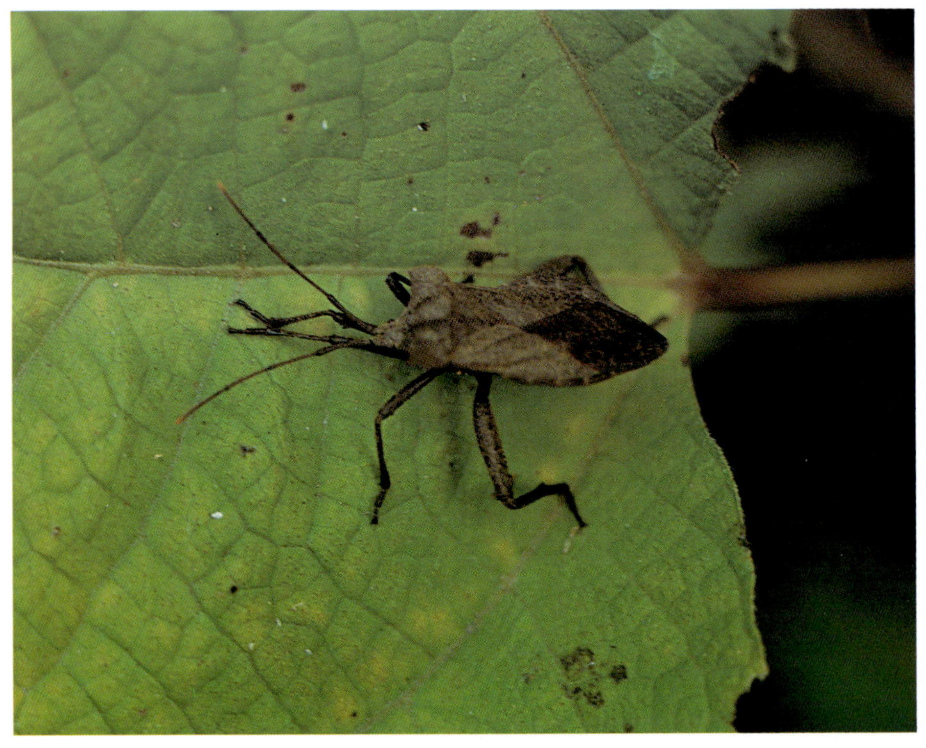

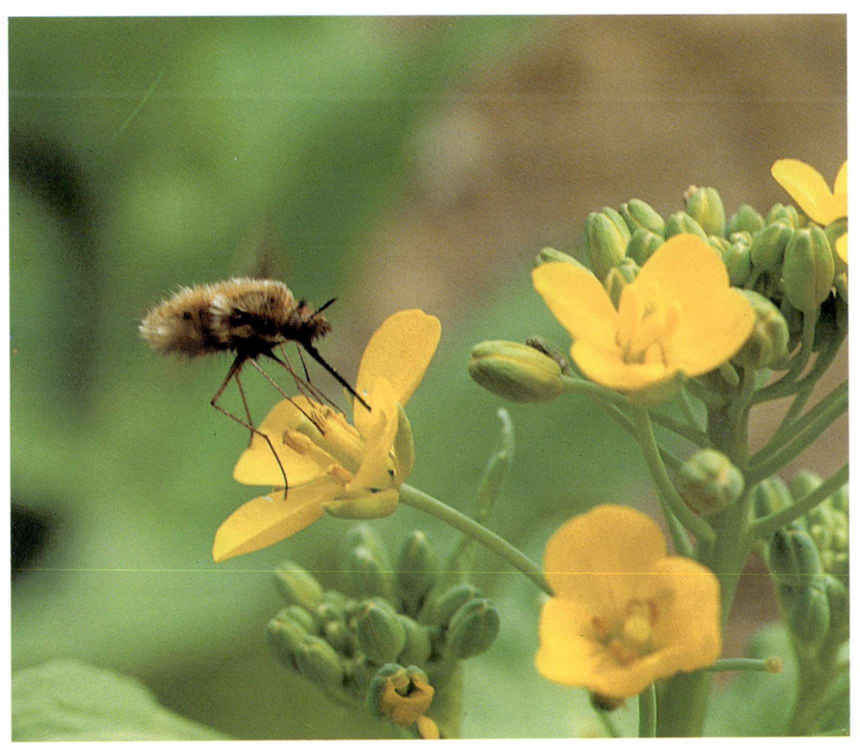

빌로오드재니등에 *Bombylus major* LINNAEUS

몸의 길이는 7 내지 11밀리미터 정도이다. 몸은 흑색 바탕에 연한 황색의 긴 털이 많이 나 있다. 가슴의 등면은 앞쪽에 흑색의 털이 섞여 있으며 가슴의 옆구리에는 백색의 긴 털이 많이 나 있다. 날개의 앞쪽 절반은 흑갈색이며 그 뒷가장자리는 물결 무늬를 나타내고 있다.

성충은 주로 꽃을 좋아하여 꽃에 앉아 있으며 흡사 벌의 모습으로 착각하게 된다. 나는 모습도 헬리콥터 모양이고 특이하게 멈출 수 있으며 아주 신속하게 방향 전환도 할 수 있다.

성충은 4, 5월과 9, 10월에 나타나며 들판에서 흔히 볼 수 있다.

우리나라 전역과 일본, 중국, 유럽, 북아프리카, 북아메리카 등지에 분포하고 있다.

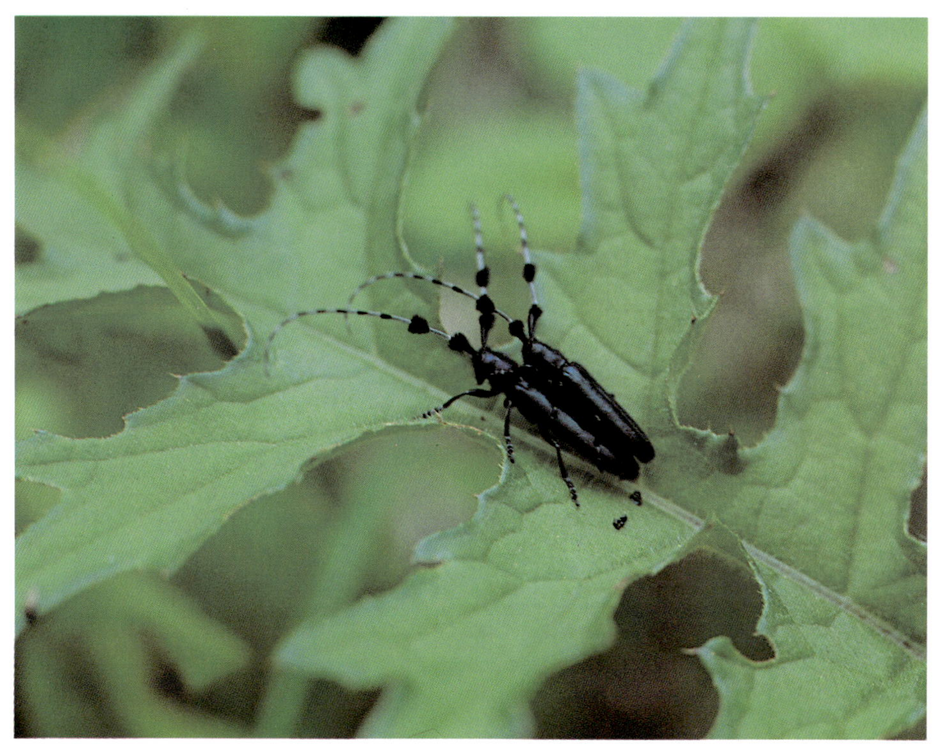

남색초원하늘소 *Agapanthia pilicornis* FABRICIUS
예전에는 송낙수염남털보하늘소란 국명으로 통용되었으나 요즈음에는 남색초원하늘
소라 불린다.
몸의 길이는 11 내지 17밀리미터 정도이다. 몸은 짙은 남색으로 광택이 나며 긴 더듬
이를 가졌는데 수컷은 더듬이에 커다란 털뭉치가 있어 특이한 모습이다.
성충은 주로 5월에서 7월에 걸쳐 나타나는데 들판의 국화과 식물에 많이 모이고
있다.
우리나라 전역과 일본, 중국, 만주, 몽고, 시베리아 동부 지역 등에 분포하고 있다.

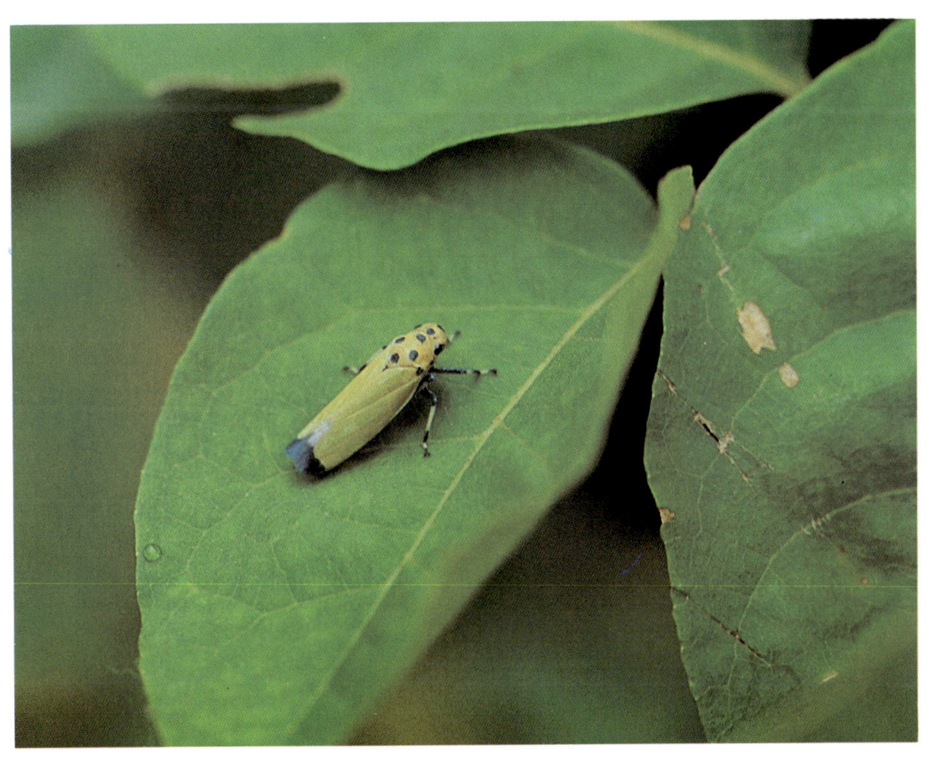

끝검은말매미충 *Bothogonia japonica* ISCHIHARA
　몸의 길이는 12, 13밀리미터 정도이다. 몸의 빛깔은 살아 있을 때는 전체적으로 황록색을 띠고 있으나 죽은 뒤에는 등황색으로 변한다. 가슴의 등면에는 3개의 흑색 점이 나 있는데 정삼각형의 위치를 하고 있다. 앞날개의 끝부분에는 넓게 흑청색의 무늬로 드리워져 있어 이러한 이름이 지어졌다.
　성충은 8월에 나타나며 늦은 가을까지 활동하다가 성충으로 월동을 한 뒤 이듬해 봄까지 생활한다. 주로 들판의 잡초 우거진 곳에서 많이 서식하고 있다.
　우리나라 전역과 일본, 만주에 분포하고 있다.

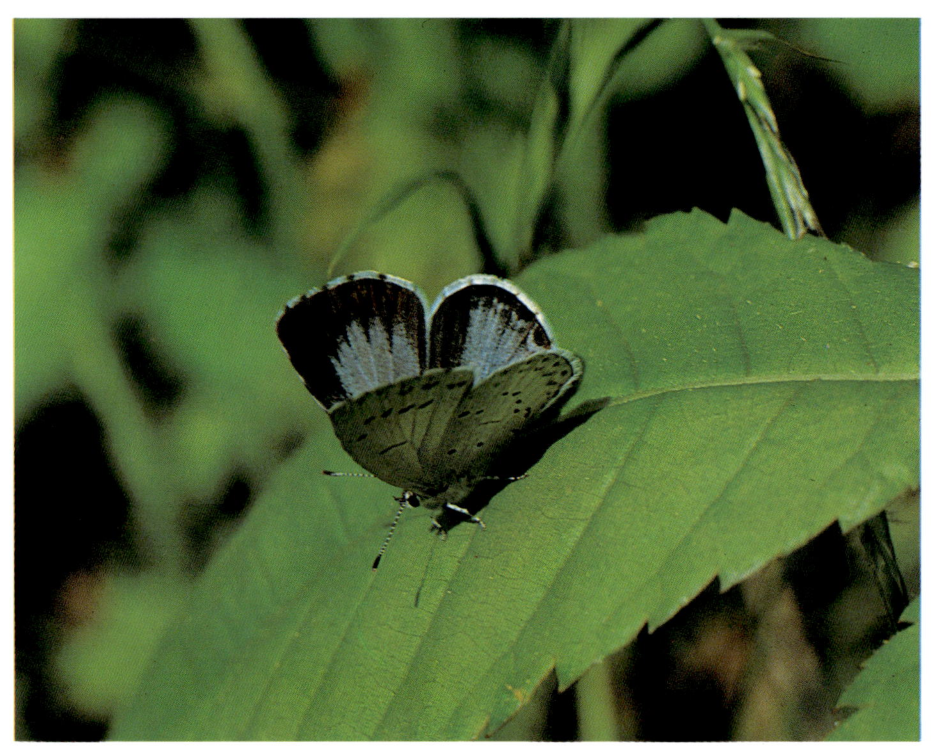

푸른부전나비 *Celastrina argiolus* LINNAEUS

수컷은 날개의 표면이 밝은 청남색으로 되었는데 가장자리에 가는 검정색 테가 둘러져 있다. 4월에서 10월에 걸쳐 여러 차례 발생되며 들판이나 숲의 가장자리, 논밭 주변, 인가 주변 등에서 흔히 볼 수 있다.

성충은 양지바른 곳의 물가나 습지에서 무리지어 물을 마시며 동물의 시체에도 모인다. 나는 모습이 대단히 평화로우며 토끼풀, 제비꽃, 노린재나무, 개망초 등의 꽃에서 꿀을 빤다.

우리나라 전역에 널리 분포하며 일본, 사할린, 중국에서부터 유럽과 아시아 대륙에까지 넓게 분포한다.

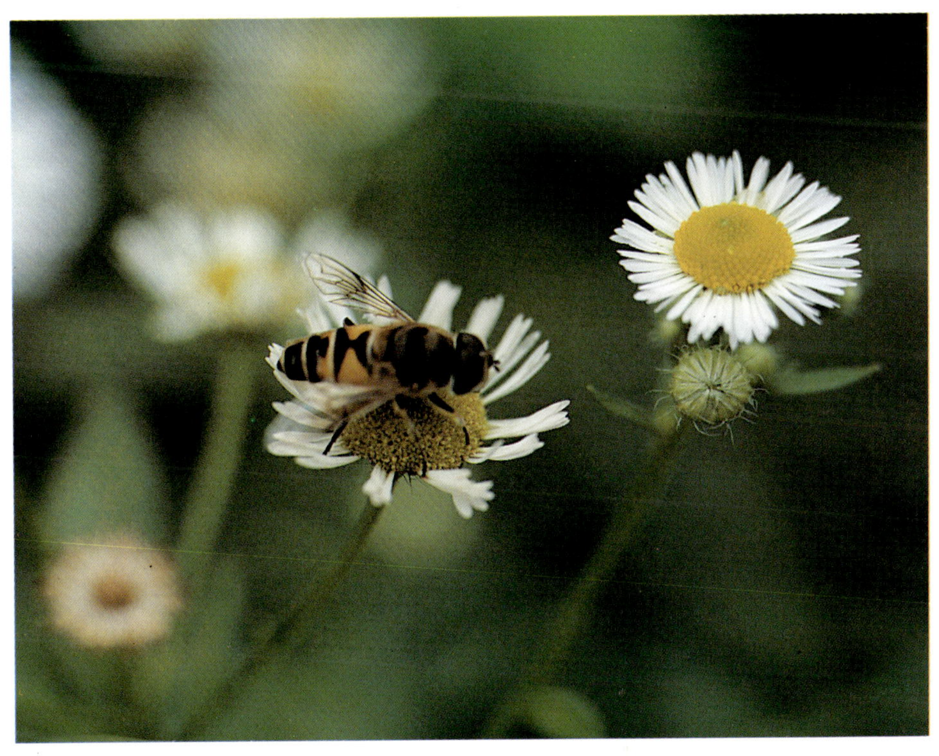

배짧은꽃등에 *Eristalis cerealis* FABRICIUS
몸의 길이는 12밀리미터 안팎이다. 겹눈 사이는 대단히 폭이 넓고 앞머리는 황갈색
가루로 덮였다. 꽃에 앉아 있으면 꿀벌로 착각될 만큼 화려한 색깔과 모양을 갖고
있다. 이꽃 저꽃을 찾아다니며 파리 특유의 끈적거리는 주둥이로 꽃가루를 핥아 먹으
므로 식물의 꽃가루받이도 도와 준다. 주로 꽃이 피어 있는 들판이나 숲의 가장자리
에 산다.
우리나라 전역에서 흔히 볼 수 있으며 일본, 대만, 중국, 만주 등 동양에 널리 분포하
고 있다.

산림의 곤충

숲은 온갖 식물들이 무성하게 우거져 있어서 곤충들이 살기에는 최고의 낙원이다. 나비나 벌이 좋아하는 향기로운 꽃이 여기저기에 피어 있고 풍뎅이나 하늘소, 사슴벌레들이 좋아하는 나무진도 이곳에서 많이 흐르기 때문이다. 특히 장수말벌이나 청띠신선나비 등은 이러한 수액에 미친듯이 모여든다. 또한 햇빛을 싫어하는 물결나비와 그늘나비 무리나 밑드리 등은 으레 나무 그늘을 찾아 숲속으로 몰려든다.

숲 사이를 거닐다 보면 가끔 나뭇잎의 끝이 돌돌 말려서 마치 작은 파이프 모양을 한 것을 볼 수가 있는데 이것이 바로 바구미류에 가까운 거우벌레의 집이다. 이들은 밤나무나 참나무의 잎을 잘라서 멋있는 집을 만들어 그 속에서 새끼를 키운다. 또한 몸을 여러 가지 색으로 예쁘게 단장한 조그만 곤충이 바로 눈앞에 앉았다가 다시 날아서 멀리 앞질러 앉고 하는 것을 볼 수가 있다. 이들은 사람이 가는 길을 따라 앞질러 길을 안내하므로 이름을 길앞잡이라 한다.

산속에는 이따금씩 새나 동물들의 죽은 시체가 널려 있는 경우가 있다. 이때 이들의 시체를 자세히 살펴보면 작은 벌레들이 우글거리는 것을 볼 수 있는데 이것이 송장벌레이다. 이 곤충은 동물의 죽은 송장을 뜯어먹으며 이 속에서 자기의 새끼를 키우는 독특한 습성을 지니고 있다. 이렇듯 숲에는 이러한 무리들말고도 많은 종류의 나비나 나방, 노린재, 메뚜기, 하늘소, 밑드리, 벌, 파리 등 여러 종류의 곤충들이 산다. 특히 갖가지 식물들이 많이 자라는 산일수록 곤충들이 아주 다양하게 나타난다. 또한 높은 산에서는 위로 올라갈수록 기온도 낮아지고 식물의 종류도 적어지므로 이러한 환경에 잘 적응된 독특한 곤충들이 새롭게 나타난다.

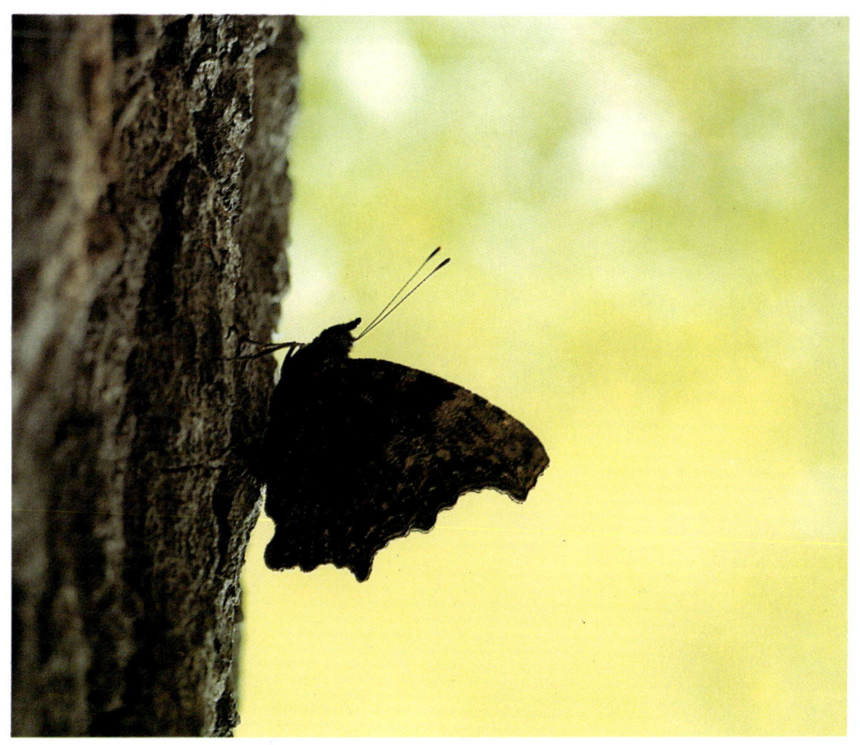

청띠신선나비 *Kaniska canace* LINNAEUS

　여름형은 6월 초에 나타나기 시작하여 10월까지 지역에 따라 1, 2회 정도 발생된다. 가을에 나타난 나비가 성충으로 월동하여 이듬해 봄 5월까지 나타난다. 평지나 산림에서 흔히 나타나며 참나무류의 수액이나 썩은 과일, 오물 등에 잘 모인다. 유충은 청미래덩굴의 잎을 먹고 산다.
　우리나라 전역에 분포하며 일본, 대만, 중국, 필리핀, 인도 등 아시아의 열대 지역에도 널리 분포되고 있다.

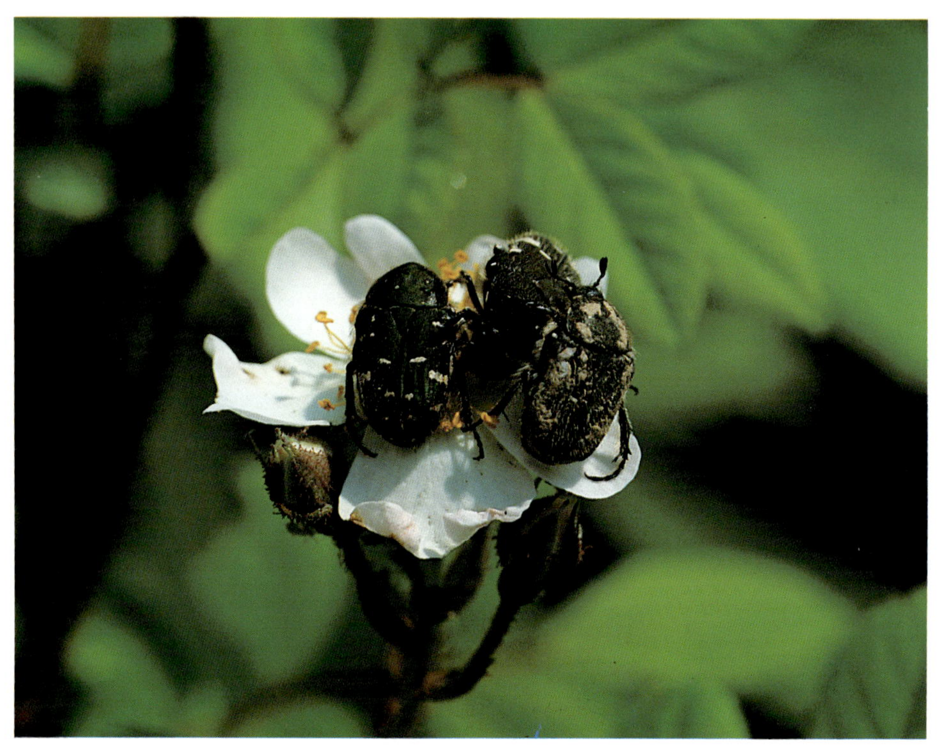

풀색꽃무지 *Oxycetonia jucunda* FALDERMANN
　　몸 길이는 11 내지 16밀리미터 정도이다. 개체에 따라 크기와 몸의 빛깔에 변이가
많다. 보통 풀색 바탕에 흰색의 점무늬가 나 있는 경우가 가장 많으며 다갈색 바탕이
나 가끔 흑갈색 바탕의 개체도 나타난다.
　　전국의 야산이나 숲에서 가장 흔하게 나타나는 풍뎅이 무리 가운데 하나로 주로 꽃을
좋아하여 꽃 속에 머리를 묻고 있는 경우가 많다. 성충은 5월에서 10월에 걸쳐 나타
난다.
　　우리나라 전역과 일본, 중국, 시베리아 등지에 분포되고 있다.

왕세줄나비 *Neptis alwina* BREMER ET GREY

세줄나비와 비슷하나 앞날개 기부에서 나온 흰띠의 윗부분이 톱니 모양으로 되어
있어 세줄나비와 같이 매끄럽지 않아 쉽게 구별된다. 수컷은 암컷에 비하여 날개
모양이 현저하게 가로가 길다. 또 앞날개 끝의 흰점이 크며 뒷날개 표면의 앞가장자
리에 광택이 나는 회백색의 성표(性標)가 있다.
성충은 6월 중순에서 8월 말에 걸쳐 나타나는데 야산이나 산림의 숲에서 흔히 발견
된다.
우리나라 전역과 일본, 중국, 우수리 등지에 분포한다.

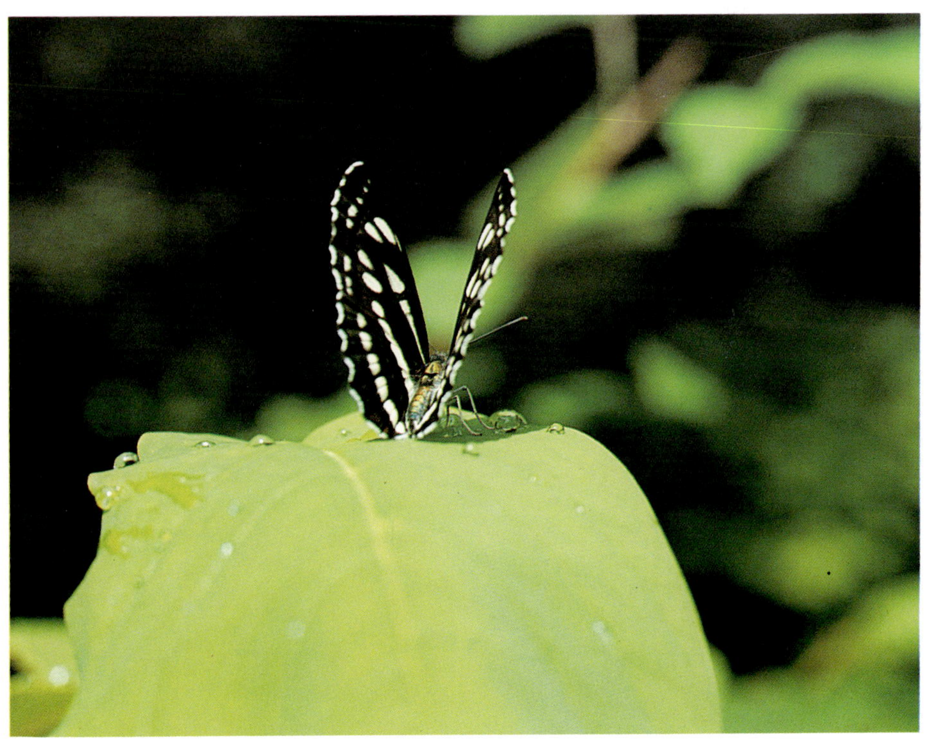

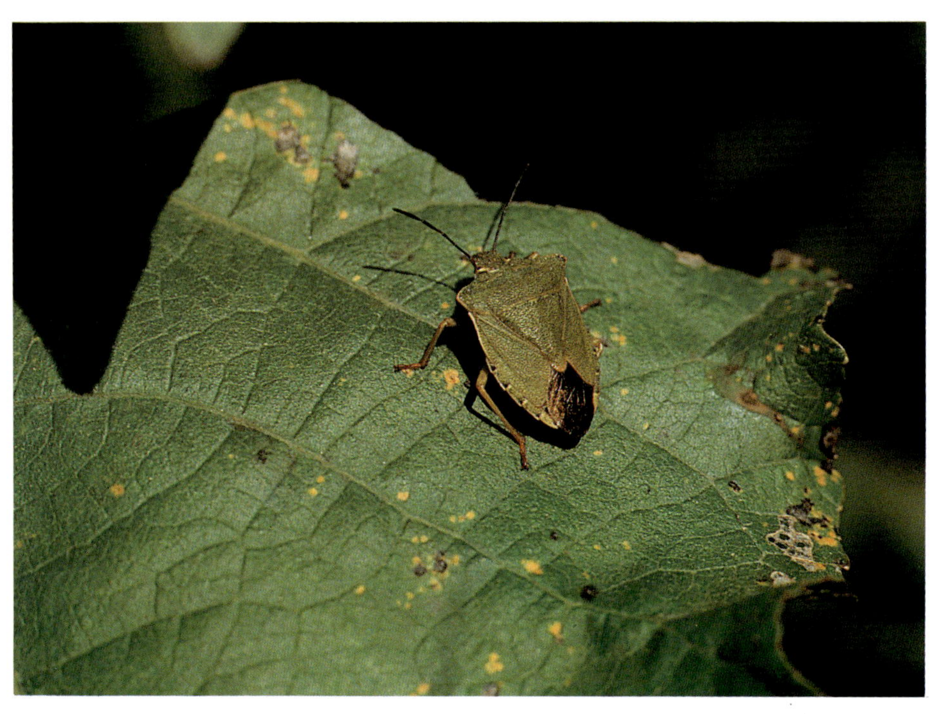

북방풀노린재 *Palomena angulosa* MOTSCHULSKY

몸 길이는 12 내지 16밀리미터 정도이다. 몸의 등면은 광택이 있는 진한 녹색이고 흑색 점각이 산포되어 있다. 성충이 된 지 오래 지난 개체에서는 몸의 색이 갈색을 띨 때도 있으며 막질부(膜質部)는 연한 갈색이고 반투명하다.

산림에 많고 잡초 또는 관목 위에서 서식한다.

우리나라 전역과 일본, 중국 등지에 분포한다.

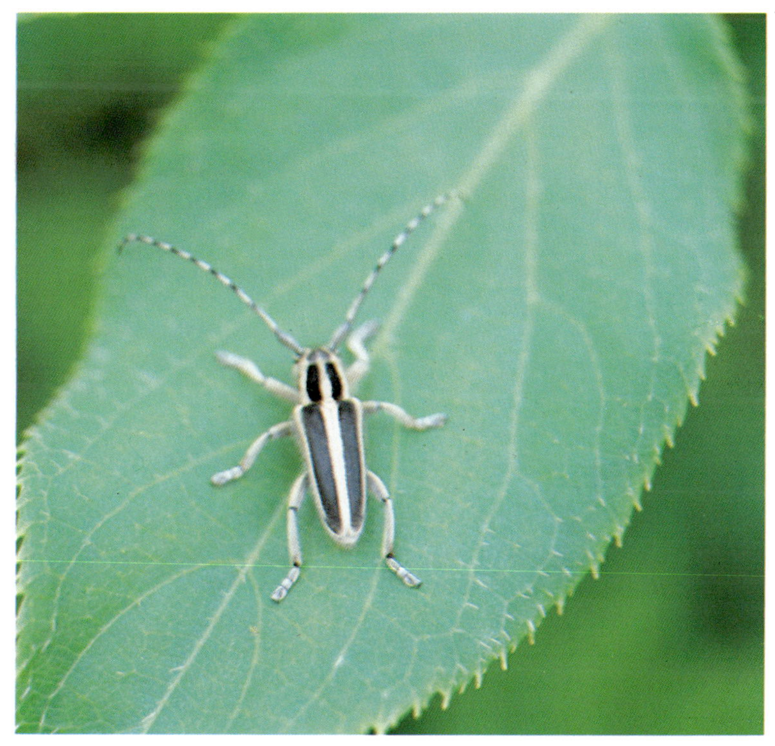

삼하늘소 *Thyestilla gebleri* FALDERMANN

몸 길이는 12 내지 15밀리미터 정도이다. 암컷이 수컷에 비하여 크며 몸은 흑색 바탕에 정중선과 양쪽 옆가장자리를 따라 세로로 흰색의 띠무늬가 나 있어 쉽게 다른 종과 구별된다.

성충은 5월에서 7월 사이에 나타되는데 숲속에서 삼(大麻)의 잎에 잘 모인다.

우리나라 전역에 분포하며 일본, 중국, 만주, 몽고, 시베리아의 동부 지역 등에도 분포한다.

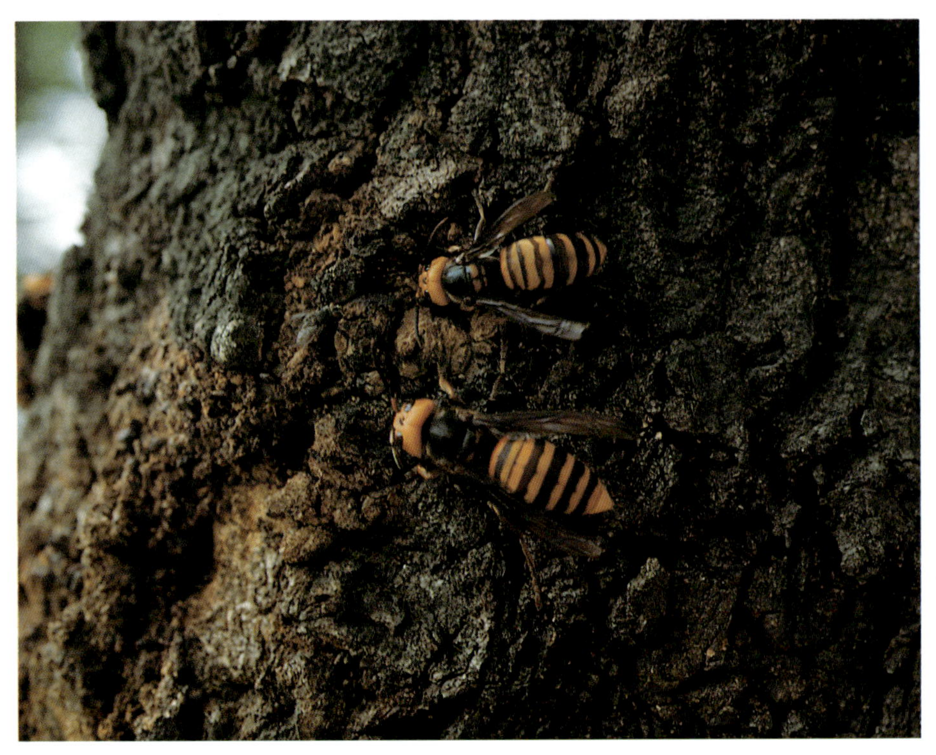

장수말벌 *Vespa mandarina* SMITH
  몸 길이가 수컷은 27 내지 39밀리미터, 암컷은 37 내지 44밀리미터로 암컷이 크다.
한국산 벌 무리 가운데에서는 가장 큰 종이며 매우 공격적이고 쏘이면 독성이 강하여
심한 상처를 받는다. 집은 주로 나무 속의 빈 공간, 땅 속, 인가의 벽이나 추녀 밑에다
둥글고 크게 만든다. 암컷은 굵은 고목나무의 빈 공간 속에서 월동을 하며 성충은
4월에서 10월에 걸쳐 나타난다.
  우리나라 전역과 일본, 중국, 인도 등지에 분포하고 있다.

116 곤충들이 즐겨 사는 곳

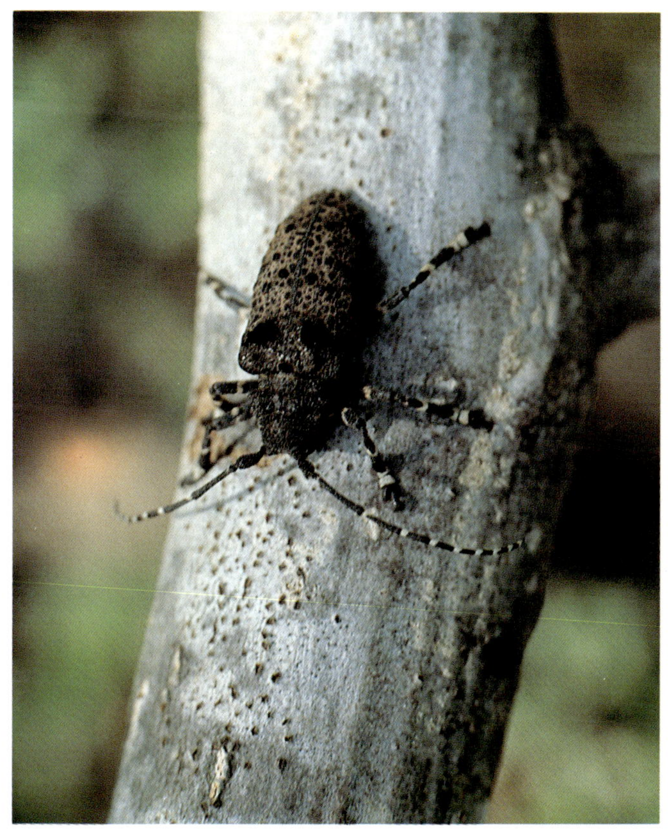

털두꺼비하늘소 *Moechotypa diphysis* PASCOE

몸 길이는 19 내지 25밀리미터 정도이다. 몸은 전체적으로 흑갈색을 띠고 있다. 몸의 표면이 두꺼비의 피부와 비슷한 모습으로 되었고 앞날개의 기부에 흑색의 긴 털다발이 나 있어 이런 이름이 붙게 되었다. 성충은 5월에서 9월에 걸쳐 나타나는데 주로 산림의 참나무 숲에서 많이 발견된다.

우리나라 전역과 일본, 만주, 중국, 시베리아 동부 지역 등에 분포한다.

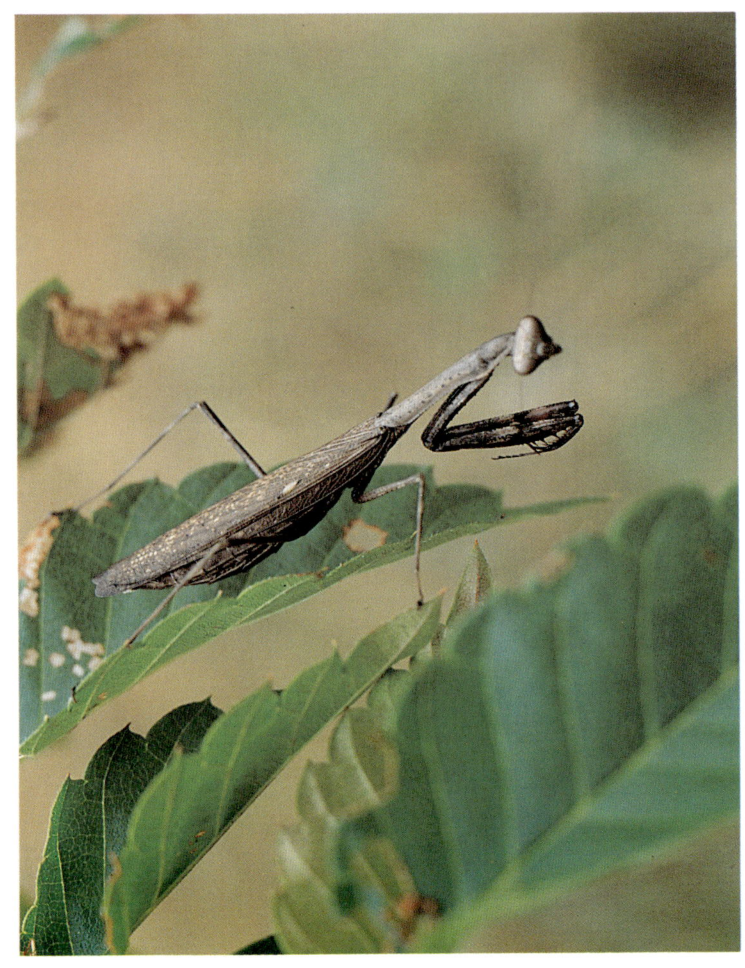

좀사마귀　*Statilia maculata*　THUNBERG

몸의 길이는 48 내지 65밀리미터로 한국산 사마귀 무리 가운데에서는 가장 작다. 몸과 날개는 대체로 회갈색 또는 암갈색이다. 앞다리에는 밑마디에 흑색 무늬와 넓적 다리마디에 흑색, 흰색, 보랏빛 무늬 등이 있어 쉽게 다른 종과 구별된다.

8월에서 10월에 걸쳐 성충으로 활동하는데 주로 숲의 가장자리나 들판에서 생활하고 있다.

우리나라 전역과 일본, 대만, 필리핀, 동남 아시아 등지에 널리 분포되고 있다.

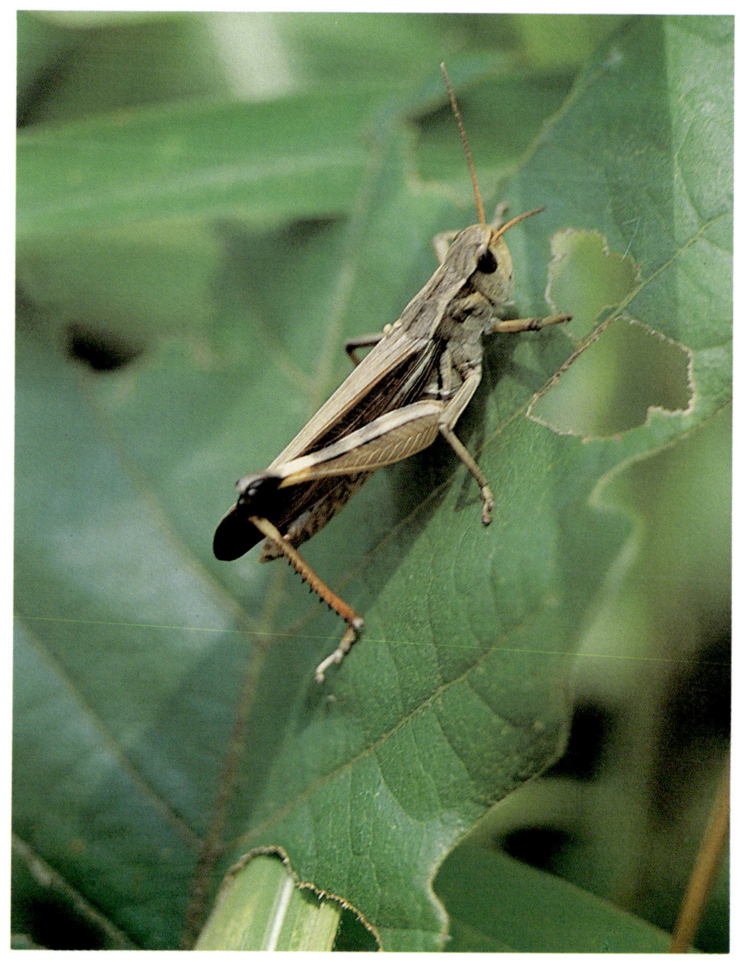

끝검은메뚜기 *Mecostethus magister* REHN

몸 길이는 30 내지 45밀리미터 정도이다. 몸이 수컷은 황색 바탕이고 암컷은 황갈색 바탕인데 수컷은 앞날개의 끝이 검게 되어 있어서 이런 이름이 유래되었다. 성충은 7월에서 9월에 걸쳐 활동하는데 주로 산림의 가장자리나 계곡의 시냇가 주변 등에서 서식한다.

중부 이남과 일본, 대만 등에 분포되고 있다.

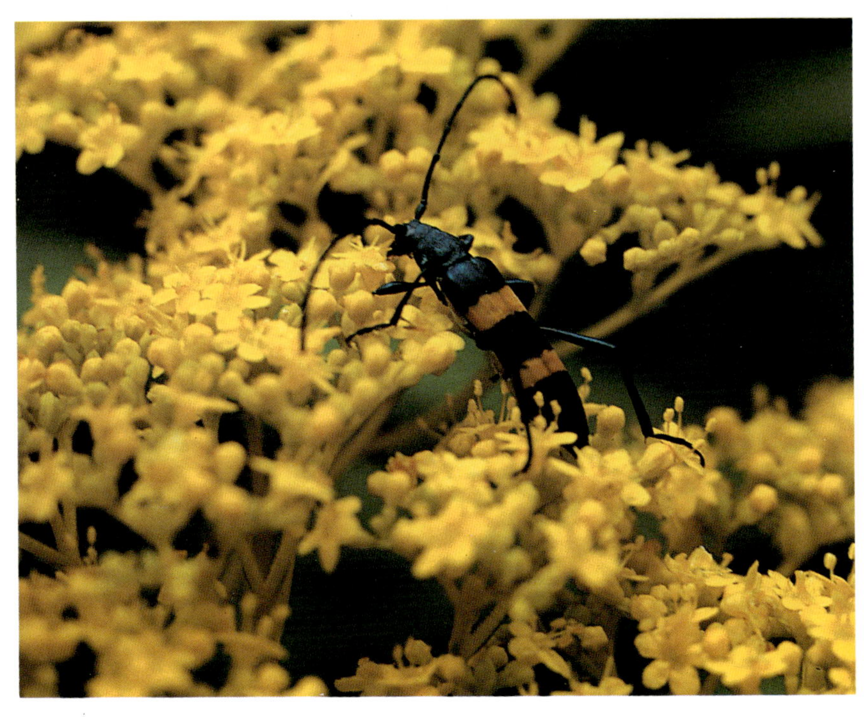

노란띠하늘소 *Polyzonus fasciatus* FABRICIUS
몸 길이는 15 내지 20밀리미터 정도인데 몸의 크기에 비해 수컷은 암컷보다 더듬이의 길이가 길다. 몸과 날개는 광택이 나는 흑남색 바탕이며 딱지날개에는 아름다운 노란 띠가 두 줄 나 있다.
성충은 7월에서 9월에 걸쳐 나타나는데 주로 숲에 피어 있는 꽃에 많이 모여든다.
우리나라 전역과 만주, 중국, 내몽고, 시베리아 등지에 분포하고 있다.

시냇가의 곤충

　연못이나 시냇물 등에서 사는 수서(水棲) 곤충류 가운데에서 눈에 가장 돋보이는 것은 역시 물가를 가뿐히 날아다니는 잠자리이다. 잠자리의 애벌레는 모두 물 속에서 살기 때문에 연못이나 늪 또는 시냇물이 잠자리의 고향이기도 하다. 잠자리의 성충은 여러 종류의 곤충을 공격하거나 다리를 이용하여 잡는데 주로 모기류, 각다귀류, 파리류 등을 먹는다.

　냇가에 드리워져 있는 나뭇가지나 풀숲 등에는 크기는 크지 않으나 많은 수의 하루살이들이 모여 있다. 가냘픈 몸과 약한 날개를 가진 하루살이가 배 끝에 2, 3개의 긴 꼬리털을 늘어뜨린 채 무리지어 날고 있다.

　하루살이와 비슷한 습성을 가지고 있는 곤충이 강도래이다. 이 곤충은 하루살이보다 대체로 크기도 크려니와 몸매가 조금은 듬직해 보인다. 성충은 하천이나 연못 등의 물가에서 볼 수 있으며, 밤에 활동하는 종류들은 낮에는 바위 틈새나 우거진 숲속에 숨는다. 이들의 애벌레도 하루살이와 마찬가지로 물 속에서 살며 역시 아가미로 호흡을 한다.

　물가에서 날아다니는 곤충으로 날도래가 있는데 이들은 모습이 나방과 비슷하나 애벌레와 번데기 때에는 물 속에서 산다. 날도래의 암컷은 날개가 퇴화되었거나 없는 경우가 많고 수컷은 두 쌍의 커다란 막질로 된 날개를 갖고 있다. 이들의 애벌레는 물 속에서 모래나 나뭇가지 등을 잘 엮어서 튼튼한 집을 만들고 산다.

　많은 수의 수서 곤충은 한평생을 물 속에서만 보내게 된다. 이따금씩 호흡을 하기 위해 긴 관이나 꽁무니를 물 위로 삐죽 내미는 게아재비, 장구애비, 물자라, 물방개, 물땡땡이 등은 저마다 특이한 모습과 행동으로 물 속에서 살아간다.

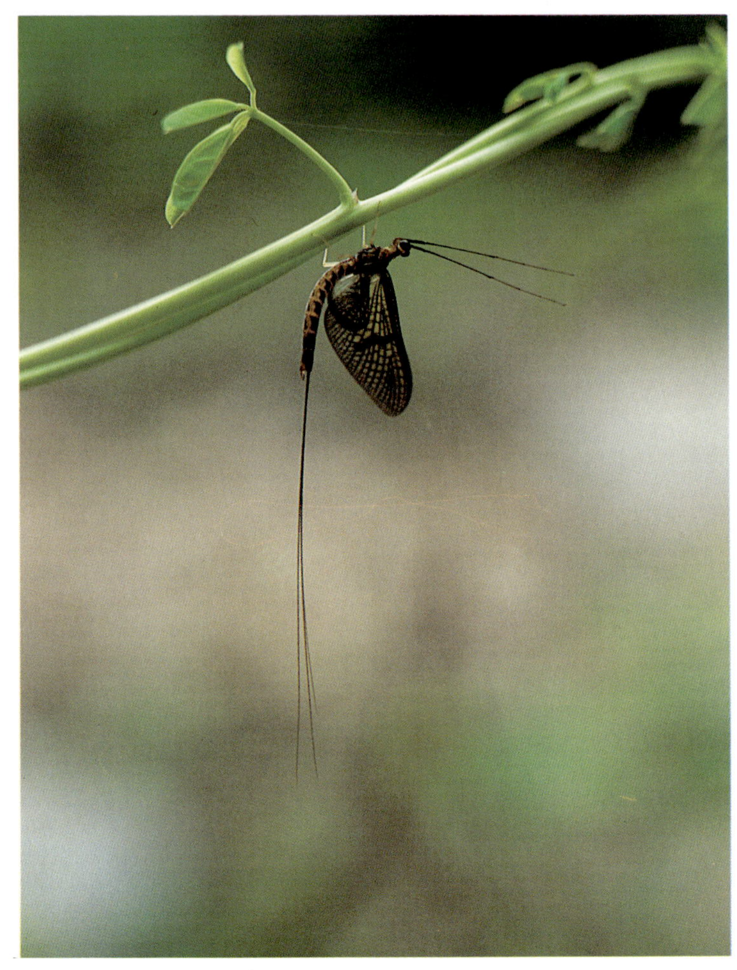

무늬하루살이   *Ephemera strigata*   EATON

몸 길이는 20 내지 25밀리미터 정도이고 꼬리털(尾毛)의 길이는 40밀리미터 정도이다. 몸은 전체적으로 황갈색 바탕이나 겹눈은 흑갈색을 띠고 있다. 앞날개의 중앙에는 갈색 띠무늬가 있으며 꼬리털은 세 가닥인데 갈색을 띠고 있다.

유충은 하천의 중류 지역에서 살며 주로 모래나 자갈 위에서 생활하고 있다. 성충은 주로 4월 말에서 5월에 걸쳐 우화(羽化)되는데 매우 힘겹게 난다.

우리나라 전역과 일본, 시베리아 등지에 분포하고 있다.

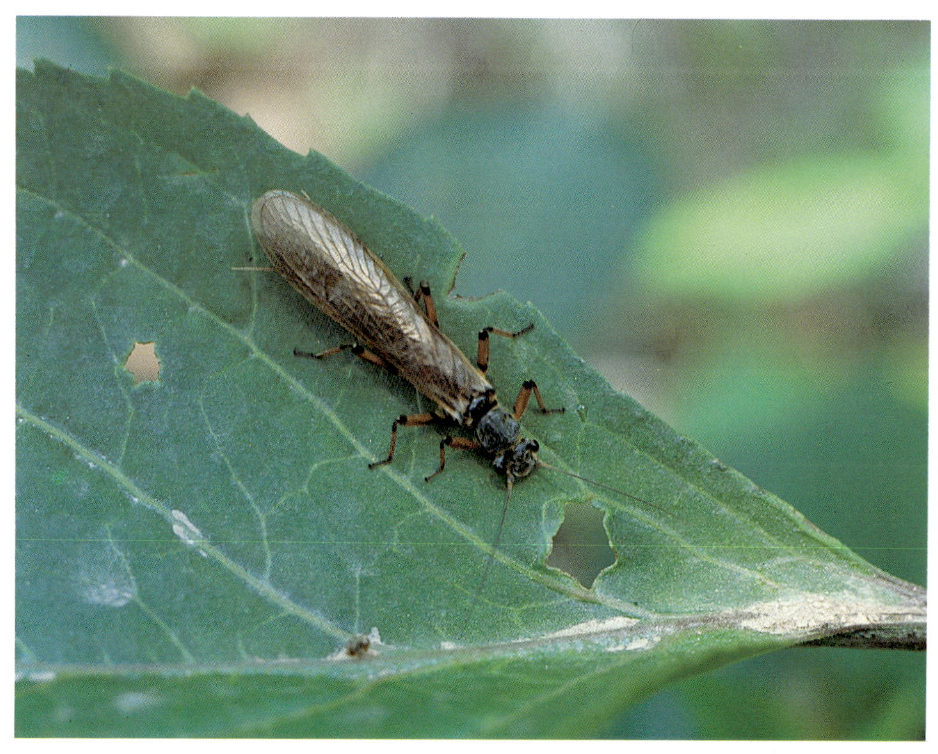

노랑다리강도래   *Paragnetina tinctipennis*   MCLACHLAN
몸 길이는 수컷이 약 15밀리미터, 암컷은 약 22밀리미터 정도이다. 몸은 대체로 황갈
색을 띠고 있는데 머리의 정수리에는 1개의 큰 흑색 무늬가 있다. 다리는 황색인데
넓적다리마디의 끝에서 발목마디까지는 흑색을 띠고 있다. 유충은 평지나 산지의
맑은 계곡물에서 살며 성충은 4월에서 8월에 걸쳐 나타나고 있다.
우리나라 전역과 일본에 분포되고 있다.

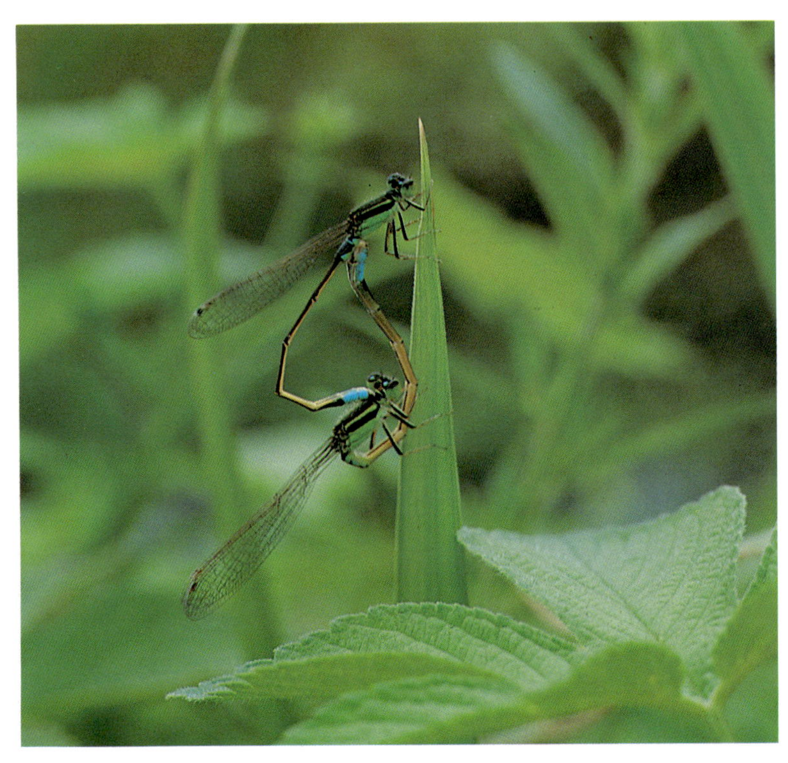

좀청실잠자리　　*Lestes japonicus*　SELYS

　몸 길이는 약 45밀리미터, 뒷날개의 길이는 약 20밀리미터 정도이다. 머리의 뒷면은
황백색이고 가슴의 등면은 녹색의 금속 광택이 나고 있다.
　성충은 7월에서 10월에 걸쳐 나타나며 수초의 줄기에 산란을 한다. 유충은 평지나
구릉지의 수초가 많은 저수지나 연못 등에서 살고 있다.
　중부 이남에 분포하며 일본에도 분포되고 있다.

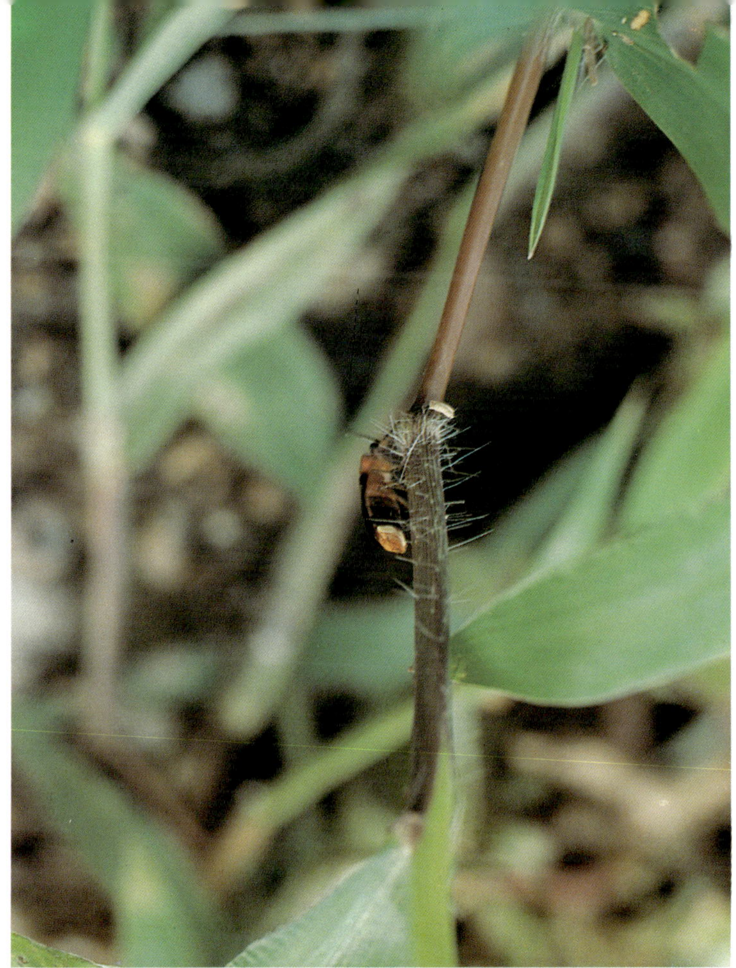

애반딧불 *Lucila lateralis* MOTSCHULSKY

몸 길이가 수컷은 10 내지 13밀리미터, 암컷은 13 내지 16밀리미터로 암컷이 약간 크다. 가슴은 앞쪽으로 약간 좁고 뒷모서리각은 돌출되었으며 등면은 붉은색을 띠고 있다. 수컷은 배의 제5, 6배마디에, 암컷은 제5배마디에 황백색의 발광기가 있다. 산란은 시냇가의 이끼와 같은 습지에 하며 유충은 물 속에서 다슬기를 먹고 산다. 성충은 6월 말에서 7월 중순에 걸쳐 나타나는데 수명은 약 2주 정도이다. 이 곤충은 수질 오염 등으로 그 수가 줄어들고 있어 전북 무주군 설천면 지역을 천연기념물 제322호로 지정하여 보호에 힘쓰고 있다. 우리나라 전역과 일본, 만주, 시베리아 동부 등지에 분포되고 있다.

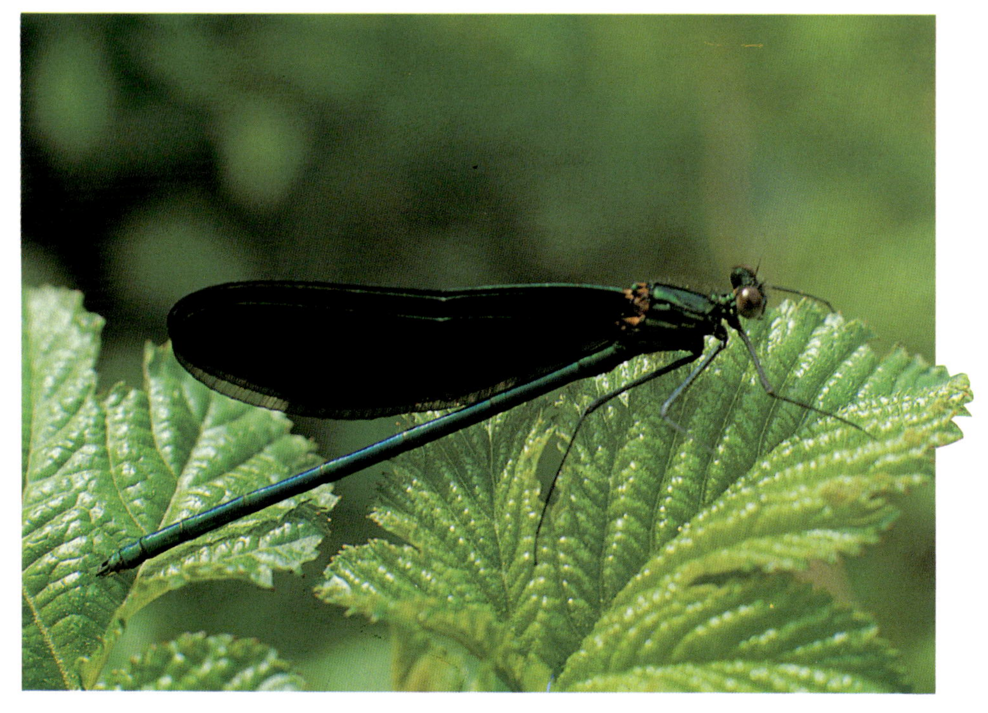

검은물잠자리   *Calopteryx atrata*   SELYS

몸 길이는 약 60밀리미터, 뒷날개의 길이는 42 내지 44밀리미터 정도이다. 수컷은
흑색 바탕에 금녹색의 광택이 아름답게 드리워져 있고, 암컷은 광택이 거의 없는
흑갈색 바탕으로 되어 있다. 이 곤충은 잠자리 무리에서 거의 나타나고 있는 날개
끝의 연문(緣紋)이 없다는 것이 큰 특징이다.
성충은 5월에서 9월에 걸쳐 나타나는데 주로 평지나 야산의 시냇가 주변에서 볼
수 있다. 비교적 맑은 물에 살기 때문에 근래에 와서는 현저히 줄어들고 있다.
우리나라 전역과 일본, 만주, 중국, 동북 아시아 등지에 분포한다.

참고 문헌

조복성 「한국동식물도감 제10권」(딱정벌레류, 메뚜기류, 잠자리
　　　류) 1969.
김창환 「한국동식물도감 제11권」(벌류) 1970.
이창언 「한국동식물도감 제12권」(노린재류) 1971.
김창환, 남상호, 이승모 「한국동식물도감 제26권」(나방류)
　　　1982.
이승모 「한국접지」1982.
──── 「한반도 하늘소과 갑충지」1987.
신유항 「원색한국곤충도감 Ⅰ」(나비편) 1989.
윤일병 「한국동식물도감 제30권」(수서곤충류) 1988.
中根猛彦 외 「原色昆虫大圖鑑 Ⅱ」 1977.
朝比奈正二郎 외 「原色昆虫大圖鑑 Ⅲ」 1976.

빛깔있는 책들 301-18

한국의 곤충

글	—남상호
사진	—남상호
발행인	—장세우
발행처	—주식회사 대원사
주간	—박찬중
편집	—김한주, 신현희, 조은정, 황인원
미술	—차장/김진락 윤용주, 이정은, 장은주, 조옥례
전산사식	—김정숙, 육양희, 이규헌

첫판 1쇄 —1990년 12월 26일 발행
첫판 9쇄 —2005년 5월 31일 발행

주식회사 대원사
우편번호/140-901
서울 용산구 후암동 358-17
전화번호/(02) 757-6717~9
팩시밀리/(02) 775-8043
등록번호/제 3-191호
http://www.daewonsa.co.kr

이 책에 실린 글과 그림은, 저자와 주식회사 대원사의 동의가 없이는 아무도 이용하실 수 없습니다.

잘못된 책은 책방에서 바꿔 드립니다.

值 13,000원

Daewonsa Publishing Co., Ltd.
Printed in Korea(1990)

ISBN 89-369-0100-1 00490

빛깔있는 책들

민속(분류번호: 101)

고미술(분류번호: 102)

불교 문화(분류번호: 103)

음식 일반(분류번호: 201)